# 环境监测与水资源保护

张惠芳 著

吉林科学技术出版社

## 图书在版编目(CIP)数据

环境监测与水资源保护 / 张惠芳著. -- 长春：吉林科学技术出版社，2022.9
ISBN 978-7-5578-9812-0

Ⅰ.①环… Ⅱ.①张… Ⅲ.①环境监测－研究②水资源保护－研究 Ⅳ.①X8②TV213.4

中国版本图书馆 CIP 数据核字(2022)第 179515 号

# 环境监测与水资源保护

| 著 | 张惠芳 |
|---|---|
| 出版人 | 宛 霞 |
| 责任编辑 | 刘 畅 |
| 封面设计 | 李若冰 |
| 制 版 | 北京星月纬图文化传播有限责任公司 |
| 幅面尺寸 | 170mm×240mm |
| 字 数 | 220 千字 |
| 印 张 | 13 |
| 印 数 | 1-1500 册 |
| 版 次 | 2022年9月第1版 |
| 印 次 | 2023年3月第1次印刷 |

| 出 版 | 吉林科学技术出版社 |
|---|---|
| 发 行 | 吉林科学技术出版社 |
| 地 址 | 长春市福祉大路5788号 |
| 邮 编 | 130118 |
| 发行部电话/传真 | 0431-81629529 81629530 81629531 |
| | 81629532 81629533 81629534 |
| 储运部电话 | 0431-86059116 |
| 编辑部电话 | 0431-81629518 |
| 印 刷 | 三河市嵩川印刷有限公司 |

| 书 号 | ISBN 978-7-5578-9812-0 |
|---|---|
| 定 价 | 90.00元 |

版权所有 翻印必究 举报电话：0431-81629508

# 作者简介

张惠芳,女,蒙古族,中共党员,硕士研究生学历,西藏自治区生态环境监测中心高级工程师,"国务院政府特殊津贴"专家、生态环境部"一流专家"。自1999年在西藏自治区生态环境监测中心参加工作,在岗工作23年,始终如一的以过硬的专业技能、严谨的工作态度和忘我的工作热情,奋战在生态环境监测第一线,主要从事环境科研、空气质量自动监测、环境监测综合报告、专项报告编制等工作。作为项目主持人和核心研究人员完成了10余项国家级和自治区重大科研项目和10多项国家级和省级重大环境监测专项;作为独立主笔或主要编写人撰写了10多篇的环境保护论文,并撰写大量专业技术报告和环境科研、环境监测专业综合分析报告,以及时回应西藏生态环境热点问题。荣获十多项国家级和省部级荣誉称号和奖励。

# 前　　言

如今，水资源保护工作已经成为整个社会都高度关心的问题，为了保障水处理的效率，必须强化水质监测技术的高效应用——监测技术的应用可以使水资源保护工作更加高效顺利地展开。因此，环境监测应该围绕大气、土壤、水资源保护共治需求，深化环境质量监测评价，提升环境监测预警和污染溯源能力，构建生态环境监测体系。生态环境监测必须紧密结合国家重大战略区域生态环境保护与治理需求，借助要素资源集聚优势，推动生态环境监测技术的创新发展。

基于此，本书以"环境监测与水资源保护"为题，全书共设置七章：第一章阐述环境监测的目的及分类、环境监测的标准、环境监测的技术与数据统计、环境监测的相关学科关系；第二章分析空气污染及监测方案制订、空气样品的采集仪器与方法、废气污染源的监测、大气环境质量的监测；第三章讨论土壤环境的基础知识、土壤环境的监测方案制订、土壤样品的采集与预处理、土壤污染物的监测；第四章探讨水环境的监测方案制订，水样的采集、运输与预处理，水样的分类监测，水环境监测对水资源保护的意义；第五章论述水资源保护规划的背景与基础、水资源保护规划的理念与框架、水资源保护规划的编制、水资源保护规划与污染物总量控制规划方法；第六章阐述水资源的形成与特征，水资源保护的意义与内容，水资源保护的形势、思路与重点，水资源保护的措施；第七章突出创新性，论述水资源的修复技术、城市微污染水处理新技术、流域水资源保护的重点与关键技术。

本书内容完整，模块清晰，注重理论性和实用性的统一，比较系统地介绍了环境监测与水资源保护的相关知识，并贯穿新的思想、新的理论、新的应用，论述详略得当，是一本值得研读的著作。

笔者在撰写本书的过程中，得到了许多专家学者的帮助和指导，在此表示诚挚的谢意。由于笔者水平有限，加之时间仓促，书中所涉及的内容难免有疏漏之处，希望各位读者多提宝贵意见，以便笔者进一步修改，使之更加完善。

# 目 录

第一章 环境监测基础及相关学科关系 ·················································· 1
    第一节 环境监测的目的及分类 ··················································· 1
    第二节 环境监测的标准 ···························································· 3
    第三节 环境监测的技术与数据统计 ············································· 8
    第四节 环境监测的相关学科关系 ·············································· 13

第二章 大气与气体监测 ································································· 25
    第一节 空气污染及监测方案制订 ·············································· 25
    第二节 空气样品的采集仪器与方法 ··········································· 33
    第三节 废气污染源的监测 ······················································· 38
    第四节 大气环境质量的监测 ···················································· 46

第三章 土壤环境监测 ···································································· 55
    第一节 土壤环境的基础知识 ···················································· 55
    第二节 土壤环境的监测方案制订 ·············································· 60
    第三节 土壤样品的采集与预处理 ·············································· 66
    第四节 土壤污染物的监测 ······················································· 72

第四章 水环境监测 ······································································· 77
    第一节 水环境的监测方案制订 ················································· 77
    第二节 水样的采集、运输与预处理 ··········································· 86
    第三节 水样的分类监测 ·························································· 95
    第四节 水环境监测对水资源保护的意义 ···································· 110

第五章 水资源保护的规划 ···························································· 113
    第一节 水资源保护规划的背景与基础 ······································· 113
    第二节 水资源保护规划的理念与框架 ······································· 122

第三节　水资源保护规划的编制…………………………………… 125
　　第四节　水资源保护规划与污染物总量控制规划方法………… 130

**第六章　水资源及其保护措施**…………………………………………… 137
　　第一节　水资源的形成与特征……………………………………… 137
　　第二节　水资源保护的意义与内容………………………………… 152
　　第三节　水资源保护的形势、思路与重点………………………… 153
　　第四节　水资源保护的措施………………………………………… 158

**第七章　水资源的修复与保护新技术**…………………………………… 166
　　第一节　水资源的修复技术………………………………………… 166
　　第二节　城市微污染水处理新技术………………………………… 181
　　第三节　流域水资源保护的重点与关键技术……………………… 191

**结束语**………………………………………………………………………… 197

**参考文献**……………………………………………………………………… 198

# 第一章 环境监测基础及相关学科关系

## 第一节 环境监测的目的及分类

### 一、环境监测的目的

"环境监测是环境科学的一个重要分支,是在环境分析的基础上发展起来的一门学科。环境监测是运用各种分析、测试手段,对影响环境质量的代表值进行测定,取得反映环境质量或环境污染程度的各项数据的过程。"[①]环境监测的目的是准确、及时、全面地反映环境质量现状及发展趋势,为环境管理、污染源控制、环境规划提供科学依据。环境监测的任务可具体归纳为:

(1)根据环境质量标准,利用监测数据对环境质量做出评价。

(2)根据污染情况,追踪污染源,研究污染变化趋势,为环境污染监督管理和污染控制提供依据。

(3)收集环境本底数据、积累长期监测资料,为制定各类环境标准(法规),实施总量控制、目标管理、预测环境质量提供依据。

(4)实施准确可靠的污染监测,为环境执法部门提供执法依据。

(5)为保护生态环境、人类健康以及自然资源的合理利用提供服务。

环境监测是生态环境保护的重要环节,开展生态环境监测工作能够正确预示未来环境的发展方向,切实解决当前生态文明高地建设及环境保护工作中存在的问题,确保各项生态环境建设工作取得实效。结合生态环境监测事业发展现状,提出合理的发展对策与建议,以此提高生态环境质量,有力推进经济社会高质量发展。

---

① 姚琳琳,方小萍.浅谈我国环境监测技术[J].中国高新技术企业,2010(09):83.

## 二、环境监测的分类

环境监测可按其监测介质和监测目的进行分类。

### (一) 按监测介质分类

环境监测按监测介质(环境要素)分类,可分为空气监测、水质监测、土壤监测、固体废物监测、生物监测、生态监测、物理污染监测(包括噪声和振动监测、放射性监测、电磁辐射监测)和热污染监测等。

### (二) 按监测目的分类

**1. 监视性监测**

监视性监测又称常规监测或例行监测,是对环境要素的污染状况及污染物的变化趋势进行监测,以达到确定环境质量或污染状况、评价污染控制措施效果和衡量环境标准实施情况等目的。监视性监测是各级环境监测站监测工作的主体,所积累的环境监测数据是确定一定区域内环境污染状况及发展趋势的重要基础。

监视性监测包括以下两方面的工作:

(1) 环境质量监测:所在地区的水体、空气、噪声、固体废物等的常规监测。

(2) 污染源监督监测:对所在地区的污染物浓度、排放总量、污染趋势等的监测。

**2. 特定目的性监测**

特定目的性监测又称特例监测,是为完成某项特种任务而进行的应急性的监测,是不定期、不定点的监测。这类监测除一般的地面固定监测外,还有流动监测、低空航测、卫星遥感监测等形式。特定目的性监测可分为以下五种情况:

(1) 污染事故监测:对各种突发污染事故进行现场应急监测,摸清事故的污染程度和范围、造成危害的大小等,为控制和消除污染提供决策依据。如:油船石油溢出事故造成的海洋污染监测、核泄漏事故引起的放射性污染监测、工业污染源各类突发性的污染事故监测等。

(2) 仲裁监测:对环境法律法规执行过程中所发生的矛盾和环境污染事

故引起的纠纷进行监测,如:排污收费、数据仲裁、调解处理污染事故纠纷时向司法部门提供的仲裁监测等。仲裁监测应由国家指定的具有质量认证资质的单位或部门承担。

(3)考核验证监测:一般包括环境监测技术人员的业务考核、上岗培训考核、环境监测方法验证和污染治理项目竣工验收监测等。

(4)综合评价监测:针对某个工程或建设项目的环境影响评价进行的综合性环境现状监测。

(5)咨询服务监测:向其他社会部门提供科研、生产、技术咨询、环境评价和资源开发保护等服务时需要进行的服务性监测。

**3. 研究性监测**

研究性监测又称科研监测,是专门针对科学研究而进行的监测,属于技术比较复杂的一种监测,往往要求多部门、多学科协作才能完成。一般包含以下三种情况:

(1)标准方法、标准样品研制监测:为制订、统一监测分析方法和研制环境标准物质(包括标准水样、标准气、土壤、尘、植物等各种标准物质)所进行的监测。

(2)污染规律研究监测:主要研究污染物从污染源到受体的转移过程以及污染物质对人、生物和生态环境的影响。

(3)背景调查监测:通过监测专项调查某区域环境中污染物质的原始背景值或本底含量。

## 第二节　环境监测的标准

### 一、环境标准的作用

"环境标准制度是规范自然资源开发利用行为的一项重要法律制度。科学合理的环境标准,既要使环境保护与经济社会发展相协调,又要坚决守住不危害公众健康这一底线。"[①]环境标准对于环境保护工作具有"依据、规

---

① 施志源.环境标准的现实困境及其制度完善[J].中国特色社会主义研究,2016(01):95.

范、方法"三大作用,是政策、法规的具体体现,是强化环境管理的基本保障。其作用体现在以下四个方面:

(1)环境标准是执行环境保护法规的基本手段,又是制定环境保护法规的重要依据。我国已经颁布的《中华人民共和国环境保护法》《中华人民共和国大气污染防治法》《中华人民共和国水污染防治法》《中华人民共和国海洋环境保护法》和《中华人民共和国固体废物污染环境防治法》等法律中都规定了有关实施环境标准的条款。它们是环境保护法规原则规定的具体化,提高了执法过程的可操作性,为依法进行环境监督管理提供了手段和依据,并是一定时期内环境保护目标的具体体现。

(2)环境标准是强化环境管理的技术基础。环境标准是实施环境保护法律、法规的基本保证,是强化环境监督管理的核心。如果没有各种环境标准,法律、法规的有关规定就难以有效实施,强化环境监督管理也无实际保证。如"三同时"制度、排污申报登记制度、环境影响评价制度等都是以环境标准为基础建立并实施的。在处理环境纠纷和污染事故的过程中,环境标准是重要依据。

(3)环境标准是环境规划的定量化依据。环境标准用具体的数值来体现环境质量和污染物排放应控制的界限环境标准中的定量化指标,是制定环境综合整治目标和污染防治措施的重要依据。根据环境标准,才能定量分析评价环境质量的优劣依据环境标准,能明确排污单位进行污染控制的具体要求和程度。

(4)环境标准是推动科技进步的动力。环境标准反映着科学技术与生产实践的综合成果,是社会、经济和技术不断发展的结果。应用环境标准可进行环境保护技术的筛选评价,促进无污染或少污染的先进工艺的应用,推动资源和能源的综合利用等。

此外,大量环境标准的颁布对促进环保仪器设备以及样品采集、分析、测试和数据处理等技术方法的发展也起到了强有力的推动作用。

## 二、环境标准的体系

我国的环境标准化工作是与我国环保事业同步发展的。经过多年的环境标准化建设,我国已建立了包括国家和地方两级标准在内的较为完备的国家环境标准体系。环境标准的范围涵盖环境质量标准、污染物排放(控制)标准、监测方法标准、基础标准、标准样品标准以及各类技术规范、技术要求等多个方面。

(1)环境标准体系的构成具有配套性和协调性。各种环境标准之间互相联系、互相依存、互相补充、互相衔接、互为条件、协调发展,共同构成一个统一的整体。

(2)环境标准体系应具有一定的稳定性,但又不是一成不变的,它是与一定时期的科学技术和经济发展水平以及环境污染和破坏的状况相适应的。环境标准体系应随着时间的推移、空间的变化、科技的进步和经济的发展以及环境保护的需要而不断地发展和变化。

(3)我国现行的环境标准体系涵盖了由中华人民共和国生态环境部制定的国家和行业标准,中华人民共和国水利部、中华人民共和国自然资源部、中华人民共和国国家卫生健康委员会制定的国家或行业标准,其他部委或行业制定的行业标准等。我国已形成了种类比较齐全、结构基本完整的环境标准体系,可以满足现阶段环境执法和管理工作的需要。

## 三、环境标准的分级

环境标准体系是指根据环境标准的性质、内容和功能,以及它们之间的内在联系,将其进行分级、分类,构成一个有机统一的标准整体,其既具有一般标准体系的特点,又具有法律体系的特性。然而,世界上对环境标准没有统一的分类方法,可以按适用范围划分,按环境要素划分,也可以按标准的用途划分。应用最多的是按标准的用途划分,一般可分为环境质量标准、污染物排放标准和基础方法标准等;按标准的适用范围可分为国家标准、地方标准和环境保护行业标准;按环境要素划分,有大气环境质域标准、水质标准和水污染控制标准、土壤环境质量标准、固体废物标准和噪声控制标准等。其中对单项环境要素又可按不同的用途再细分,如水质标准又可分为生活饮用水卫生标准、地表水环境质量标准、地下水环境质量标准、渔业用水水质标准、农田灌溉水质标准、海水水质标准等。而环境质量标准和污染物排放标准是环境保护标准的核心组成部分,其他的监测方法、标准样品、技术规范等标准是为实施这两类标准而制定的配套技术工具。

目前,我国已形成以环境质量标准和污染物排放标准为核心,以环境监测标准(环境监测方法标准、环境标准样品、环境监测技术规范)、环境基础标准(环境基础标准和标准制修订技术规范)和管理规范类标准为重要组成部分,由国家、地方两级标准构成的"两级五类"环境保护标准体系,纳入了环境保护的各要素、领域。

### (一)国家环境保护标准

国家环境保护标准体现国家环境保护的有关方针、政策和规定。依据环境保护法,国务院环境保护主管部门负责制定国家环境质地标准,并根据国家环境质量标准和国家经济、技术条件制定国家污染物排放标准。针对不同环境介质中有害成分含量、排放源污染物及其排放量,制定的一系列针对性标准构成了我国的环境质量标准和污染物排放标准,环境保护法明确赋予其判别合法与否的功能,直接具有法律约束力。

环境监测标准、环境基础标准和管理规范类标准、配套质量排放标准,由国务院环境保护部门履行统一监督管理环境的法定职责而具有不同程度、范围的法律约束力。国务院环境保护主管部门还将负责制定监测规范,会同有关部门组织监测网络,统一规划国家环境质量监测站(点)的设置,建立监测数据共享机制,加强对环境监测的管理。有关行业、专业等各类环境质量监测站(点)的设置应当符合法律法规规定和监测规范的要求。监测机构应当使用符合国家标准的监测设备,遵守监测规范。监测机构及其负责人对监测数据的真实性和准确性负责。同时,国家鼓励开展环境基准研究。

### (二)地方环境保护标准

根据环境保护法,省、自治区、直辖市人民政府对国家环境质量标准中未作规定的项目,可以制定地方环境质量标准;对国家环境质量标准中已作规定的项目,可以制定严于国家环境质量标准的地方环境质量标准。地方环境质量标准应当报国务院环境保护主管部门备案。地方人民政府对国家污染物排放标准中未作规定的项目,可以制定地方污染物排放标准;对国家污染物排放标准中已作规定的项目,可以制定严于国家污染物排放标准的地方污染物排放标准。地方污染物排放标准应当报国务院环境保护主管部门备案。地方污染物排放标准应当参照国家污染物排放标准的体系结构制定,可以是行业型污染物排放标准和综合型污染物排放标准。

各地制定的地方标准优先于国家标准执行,体现了环境与资源管理的地方优先的管理原则。但各地除应执行各地相应标准的规定外,尚需执行国家有关环境保护的方针、政策和规定等。

国家环境保护标准尚未规定的环境监测、管理技术规范,地方可以制定试行标准,一旦相应的国家环保标准发布后这类地方标准即终止使命。地方环境质量标准和污染物排放标准中的污染物监测方法应当采用国家环境保护标准。国家环境保护标准中尚无适用于地方环境质量标准和污染物排放标准中某种污染物的监测方法时,应当通过实验和验证,选择适用的监测方法,并将该监测方法列入地方环境质量标准或者污染物排放标准的附录,适用于该污染物监测的国家环境保护标准发布、实施后,应当按新发布的国家环境保护标准的规定实施监测。

## 四、环境标准的分类

### (一)环境质量标准

环境质量标准是为保护自然环境、人体健康和社会物质财富,对环境中有害物质和因素所做的限制性规定,而制定环境质量标准的基础是环境质量基准。所谓环境质量基准(环境基准),是指环境中污染物对特定保护对象(人或其他生物)不产生不良或者有害影响的最大剂量或浓度,是一个基于不同保护对象的多目标函数或一个范围值,如大气中二氧化硫年平均浓度超过 $0.115\text{mg/m}^3$ 对人体健康就会产生有害影响,这个浓度值就称为大气中二氧化硫的基准。因此,环境质量标准是衡量环境质量和制定污染物控制标准的基础,是环保政策的目标,也是环境管理的重要依据。

### (二)污染物排放标准

污染物排放标准是指为实现环境质量标准要求,结合技术经济条件和环境特点,对排入环境的有害物质和产生污染的各种因素所做的限制性规定。由于我国幅员辽阔,各地情况差别较大,因此不少省、市制定并报国家生态环境部备案了相应的地方排放标准。

### (三)环境基础标准

环境基础标准指在环境标准化工作范围内,对有指导意义的符号、代号、图式、量纲、导则等所做的统一规定,是制定其他环境标准的基础。

### (四)环境监测标准

环境监测标准是保障环境质量标准和污染物排放标准有效实施的基础,其内容包含环境监测方法标准、环境标准样品和环境监测技术规范等。

根据环境管理需求和监测技术的不断进步,以水、空气、土壤等环境要素为重点,积极鼓励采用先进的分析手段和方法,分步有序地完善该类标准的制定和修订,实验室验证工作还需同步进行,同时力求提高环境监测方法的自动化和信息化水平。

**(五)环境管理类标准**

结合环境管理需求,根据环境保护标准体系的特点,建立形成了管理规范类标准,为环境管理各项工作提供全面支撑。环境管理类标准包括:建设项目和规划环境影响评价、饮用水源地保护、化学品环境管理、生态保护、环境应急与风险防范等各类环境管理规范类标准,还包含各类环境标准的实施机制与评估方法等,对现行各类管理规范类标准进行必要的制订和修订;通过及时掌握各行业先进技术动态与发展趋势,并参与全球环境保护技术法规相关工作等,不断推进我国环境保护标准与国际相关标准的接轨。

## 第三节 环境监测的技术与数据统计

### 一、环境监测的方法技术

**(一)化学分析法**

化学分析法是以特定的化学反应为基础的分析方法,分重量分析法和容量分析法两类。重量法操作麻烦,对于污染物浓度低的会产生较大误差,它主要用于大气中总悬浮颗粒、降尘量、烟尘、生产性粉尘及废水中悬浮固体、残渣、油类、硫酸盐、二氧化硅等的测定。随着称量工具的改进,重量法得到进一步发展。例如,用微量测重法测定大气飘尘和空气中的汞蒸气等。容量法具有操作方便、快速、准确度高、应用范围广、费用低的特点,在环境监测中得到较多应用;但灵敏度不够高,对于测定浓度太低的污染物,也不能得到满意的结果。它主要用于水中的酸碱度、$NH_3$-N、COD、BOD、DO、$Cr^{6+}$、硫离子、氰化物、氯化物、硬度、酚等的测定,及废气中铅的测定。

## (二)仪器分析法

仪器分析法是以光的吸收、辐射、散射等性质为基础的分析方法,主要有以下三种:

(1)光谱法,包括可见分光光度法、紫外分光光度法、红外光谱法、原子吸收光谱法、原子发射光谱法、X-荧光射线分析法、荧光分析法、化学发光分析法等。

(2)电化学分析法,包括极谱法、溶出伏安法、电导分析法、电位分析法、离子选择电极法、库仑分析法等。

(3)色谱分析法,包括气相色谱法、高效液相色谱法、薄层色谱法、离子色谱法、色谱-质谱联用法等。

## (三)生物技术

生物技术是利用植物和动物在污染环境中所产生的各种反应信息来判断环境质量的方法,这是一种最直接的方法。生物技术包括生物体内污染物含量测定,观察生物在环境中受伤害状况、生物的生理生化反应、生物种类和群落结构变化等。

# 二、环境监测的数据统计

环境监测的数据必然要经过科学化和专业化的评价和处理才能用于决策。

## (一)环境监测数据的处理

**1. 数据的修整**

(1)有效数字。测量中实际能够测到的数字称为有效数字,一般由可靠数字和可疑数字两部分组成。在反复测量一个量时,其结果总是有几位数字固定不变,为可靠数字。可靠数字后面往往还有一位数字,在各平行测定中常常是不同的、可变的,这个数字往往是操作人员通过估计得到的,因此为可疑数字。例如,用滴定管进行滴定时,得到读数为16.60mL,这是四位有效数字,它不仅表明了试液的体积,也表明了最后一位数"0"是可疑的,有±0.01mL的误差,即试液的实际体积是在(16.60±0.01)mL范围内的某一数值。

有效数字的位数不仅表示测量数值的大小,而且还表示测量结果的准确程度及仪器的精密程度。如上例中的测定值16.60mL,表示的是用滴定管量取的体积,其精度可以达到小数点后两位,绝对误差为±0.01mL,相对误差为0.06%;但如果将测定值表示成16.6mL,则变成了三位有效数字,"6"是可疑数字,绝对误差为±0.1mL,相对误差为0.6%。可见,有效数字多写一位或少写一位能导致结果的准确度相差10倍。因此,测定结果的表示一定要正确反映仪器的精密程度,如分析天平称量可以读到小数点后四位,而台秤就只能读到小数点后两位,不能任意删减或增加。

测量结果中的"0"可以是有效数字,也可以不是有效数字,这与它在数字中的位置有关。例如:

0.0619 三位有效数字(第一个非零数字"6"前的"0"不是有效数字,只起定位作用,与所采用单位有关,与测量的精度无关)。

0.6019 四位有效数字(非零数字中间的"0"是有效数字)。

6.0190 五位有效数字(小数中最后一位非零数字后的"0"是有效数字)。

60190 以零结尾的整数,有效数字位数无法明确,为避免混乱,应根据有效数字的准确度写成指数形式,如 $6.0190\times10^4$(五位有效数字)或 $6.019\times10^4$(四位有效数字)。

(2)数据的修约规则。在处理数据时,涉及的各测量值的有效数字位数可能不同,但各数据的误差都会传递到最终的分析结果中。为了保证结果的准确度,就要使每一个测量数据只有最后一位是可疑数字,即必须确定各测量值的有效数字位数,确定了有效数字位数后,要将多余的数字舍弃,这一过程就叫作数据的修约。规则如下:

1)"4舍6入"原则。准备舍弃的数字的最左一位如果小于或等于4,则舍去;如果大于或等于6,则进一。例如,将16.641修约为三位有效数字,为16.6;将16.661修约为三位有效数字,为16.7。

2)"5"特殊原则。准备舍弃的数字的最左一位如果是5,分别按如下情况修约:

"5"后面如果无其他数字,或者有但都为"0"时,修约要看"5"前的那一位数,为奇数的进一,为偶数(包括零)的舍弃。

例如,将下列各数修约为三位有效数字,结果如下:

16.65—16.6

16.6500—16.6

16.5500—16.6

"5"后面如果有数字且不全为零时,要进一。

例如,将下列各数修约为三位有效数字,结果如下:

16.651—16.7

16.6501—16.7

16.6510—16.7

数字修约时,只允许对原测量值一次修约到所需的位数,不能分次修约,例如,将 3.9461 修约为两位有效数字,不能 3.9461—3.946—3.95—4.0,而应一次修约为 3.9。

(3)有效数字的运算。

1)加减法。几个数据相加减后的结果,其小数点后的位数应与各数据中小数点后位数最少的相同。例如,156.6＋25.62＋1.0811,其中数据 156.6 的小数点后位数最少,故结果应取 183.3。

2)乘除法。几个数据相乘除后的结果,其有效数字的位数应与各数据中有效数字位数最少的数据相同。例如,16.6×21.02×9.1181,其中数据 16.6 的有效数字位数最少,故结果应取 $3.18\times10^3$。

3)乘方和开方。一个数据经乘方或开方后,其结果有效数字的位数与原数据的有效数字位数相同。例如,$1.69^2=2.8561$,修约为 2.86。

4)常数和系数。在运算过程中,常数(如 π、e 等)和系数、倍数等非测量值,可认为其有效数字位数是无限的。在运算中可根据需要取任意位数,不影响运算结果。

5)误差和偏差的表示。表示误差和偏差的数据,其有效数字通常取 1～2 位。

**2.可疑数据的取舍**

与正常数据不是来自同一分布总体,明显歪曲实验结果的测量数据,被称为离群数据。可能会歪曲实验结果,但尚未经检验断定其是离群数据的测质数据,被称为可疑数据。在数据处理时,必须剔除离群数据以使测定结果更符合客观实际。正确数据总有一定分散性,如果人为地删去一些误差较大但并非离群的测量数据,由此得到精密度很高的测量结果并不符合客观实际。因此,对可疑数据的取舍必须遵循一定的原则。

测量中发现明显的系统误差和过失误差,由此而产生的数据应随时剔除。而可疑数据的舍取应采用统计方法判别,即离群数据的统计检验。

### (二)环境监测结果的表达

(1)用算术均值($\bar{x}$)代表集中趋势。测定过程中排除系统误差和过失误差后,只存在随机误差,根据正态分布的原理,当测定次数无限多($n\rightarrow\infty$)时的总体均值($\mu$)应与真值($x_T$)很接近,但实际只能测定有限次数。因此,样本的算术均值是代表集中趋势表达监测结果的最常用方式。

(2)用算术平均值和标准偏差表示结果的精密度($\bar{x}\pm S$)。算术均值是代表集中趋势,而标准偏差代表数据离散程度标准偏差越大,表示数据越离散,精密度越差,算术均值的代表性越小;标准偏差越小,表示数据越集中,精密度越好,算术均值的代表性越大。因此监测中常以($\bar{x}\pm S$)表示结果。

(3)平均值的置信区间。在系统误差已经消除的情况下,当测定次数趋于无限多时,随机误差的分布趋近于正态分布,各次测定结果的算术平均值就越接近于真值。但在实际工作中,测定次数总是有限的,得到的是样本平均值$\bar{x}$。在有限次测量中,合理地得到真值的方法应该是估计出有限次测量中平均值与真值的接近程度,即在测量值附近估算出真值可能存在的范围。这就引出了置信度和置信区间的问题。

置信度($P$)就是人们对分析结果判断的有把握程度,它的实质仍然是某事件出现的概率(可能性),考察在测量值($x$)附近某一范围内出现真值的把握性有多大。平均值的"置信区间"是指在一定的皆信概率(置信度)条件下,对平均值的正确性有一定程度的置信。可用式 1-1 来表示置信区间的大小:

$$\mu = \bar{x} \pm \frac{t_{\alpha \cdot f} \cdot s}{\sqrt{n}} \tag{1-1}$$

式中:$\bar{x}$ ——多次测量结果的平均值;

$t_{\alpha \cdot f}$ ——统计量;

$\alpha$ ——显著性水平,$\alpha = 1 - P$;

$f$ ——自由度,$f = n - 1$;

$S$ ——多次测量结果的标准偏差;

$n$ ——测定次数。

对于要求准确度较高的分析工作,提出分析报告时,不仅要给出分析结果的平均值,还要同时指出其值所在的范围(即置信区间)以及真值落在该范围内的几率(即置信度),用以说明分析结果的可靠程度。确定置信度不是一个单纯的数学问题。通常,置信度取的大,则置信区间也大,估计的把握性也大。然而,置信区间过大,估计的精度就差,反而没有实用价值,甚至造成浪费。做判断时置信度的高低应定得合适,处理分析数据时,通常取95%置信度。根据具体情况,有时也取90%或99%等置信度。

### (三)测量结果的统计检验

在环境监测中,必须采用统计的方法进行科学的比较,才能得出准确的结论。

监测人员在实际监测工作中对所研究的对象往往不完全了解,甚至完全不了解,所掌握的往往是从研究的总体中抽取的样本资料。为了全面了解事物的本质,我们总是希望从样本所提供的信息去推断总体情况。例如,两个不同的分析人员或不同的实验室对同一样品进行分析时,两组数据的平均结果存在较大的差异,这些分析结果的差异是由偶然误差引起的还是由它们之间存在系统误差引起的,这就需要通过统计假设检验来判断。所谓统计假设检验也称为显著性检验,它是根据目的先对样本所属总体特征做出某种假设,如假设某一总体指标等于某个值,然后根据实际得到的样本资料所提供的信息,通过一定的统计方法检验所做的假设是否合理,从而对假设做出拒绝或不拒绝的判断。下面讨论均数比较的显著性检验 $T$ 检验。

$T$ 检验法的方法步骤:

(1)建立假设和确定检验水平。

(2)计算统计量 $T$ 值。

(3)确定 $P$ 值和做出推断结论。

当 $t < t_{0.05(n')}$,即 $P > 0.05$,差别无显著意义;

当 $t_{0.05(n')} \leqslant t < t_{0.01(n')}$,即 $0.01 < P \leqslant 0.05$,差别有显著意义;

当 $t < t_{0.01(n')}$,即 $P \leqslant 0.01$,差别有非常显著意义。

应用条件:样本方差未知,当样本含量较小时,要求样本取自正态总体。做两样本均数比较时还要求两个总体方差相当。

需要注意的是,假设检验得出的结论是概率性的,不是绝对的肯定和否定。

## 第四节 环境监测的相关学科关系

环境监测是一门研究环境监测方法及其活动规律的应用科学,它是一门综合性、技术性、实践性、针对性很强的环境保护分支科学,涉及多学科、多领域、多层次、多技术融合,由相关组织、制度、规范、程序、方法、手段构成完整的工作体系。为更好地发挥环境监测为环境管理服务的功能,确保环境监测成果能够全面、准确、及时、系统地反映环境质量状况及其变化趋势,以系统论、控制论、信息论为基础理论,以相关应用科学技术为载体,深入研究环境监测活动规律,推动环境科学技术发展。

## 一、环境监测与系统论

系统是自成体系的组织——系统论是研究其模式、原则、变化规律,并对其结构和功能进行数学描述的一门科学。我们可将各类复杂的研究对象称为"系统",它是由相互依赖、相互作用的若干组成构成的具有特定功能的一个有机整体。如果将"若干组成"看成组织起来的系统的若干"单元",可以看出"系统"具有由各组成单元共同组合而成的集合性,各单元之间相互依赖、相互作用的相关性,各单元为某目的而结合的目的性,系统存在于运动之中的动态性和各单元环节顺次联结的有序性。对于具有这些特性的"系统"如何组织管理,怎样才能使"系统"在最佳状态下提高运行机制,便产生了系统工程和系统方法。

系统工程是一项组织管理"系统"的规划、设想、研究和使用的科学方法;其实质是运用研究工程的方法研究组织管理,它以系统为对象,使用概率、运筹、模拟等方法,通过推理、判断、综合,建立系统模型,以最优化方法使系统的运行取得最佳的结果。

系统方法是应用唯物辩证法原理,合理研究与处理"系统"各单元组成间联系的方法论。"系统论"有着极其丰富的内涵,解决问题的系统方法有着广泛的适用性,因此它是哲学与其他科学方法的联系纽带,是数学、控制论、信息论方法相互渗透、相辅相成的媒介,与其他任何方法相比更能使分析、归纳、综合、演绎等方法有机结合;同时,系统方法既是确定目标的方法,又是实现目标的方法,它可将任何研究对象都看作系统,确定其结构,引入数学方法进行深入研究,使之用于现实存在的系统。

环境监测作为环境科学的一个分支,亦是综合性较强的边缘学科,它具有文理交叉、理工结合、自然科学与应用科学相互联系、互为关联、密不可分的功能;采取系统论方法研究,沟通自然科学与社会科学、技术科学与人文科学之间的联系,对推进环境监测技术整体化趋势大有裨益。

环境监测工作是由相关组织、制度、规范、程序、方法、手段构成的人造体系,是客观存在的实际工作,具有输入、处理、输出组成系统的基本要素,加之反馈,构成完整的系统。输入,即环境状况信息;处理,即一系列环境监测活动;输出,即掌握环境质量发展趋势与变化规律;反馈,即依据监测活动及其结果修正监测方案或监测计划。环境监测过程就是系统运动的过程。环境监测实际工作中可采取系统观点,研究和处理环境监测活动中的问题。例如:系统分析,即是环境监测综合分析的一个重要方法;系统分析技术,亦是环境监测综合技术的基础和依据。

**(一)环境监测中系统分析的方法**

系统分析要求对特定问题开展周密调查和监测;在掌握大量环境调查和监测数据的基础上,针对各类具体目标方案,运用数学方法和计算机技术模拟分析其可行性,提出具体对策或措施建议;运用系统分析方法归纳、总结,得出各类目标方案的结论,并进行反馈,通过调整目标方案和对策措施,再进行模拟分析,由此循环往复,使系统处于最佳状态,目标方案与对策措施切合实际,符合政策法规要求,技术经济合理,具有可操作性。

研究区域、流域环境状况及其变化趋势时,因自然环境与社会环境涉及学科领域较多,研究对象复杂,有时难以直观定量表达,采用系统分析方法构成的系统模型进行模拟,可较好地解决定量分析问题。

环境监测有各种目的,评价环境状况的某一监测活动,亦存在如何以最少的监测点位和监测频率获得最具代表性的监测数据问题。这就需要优化设计监测网络,即环境监测点位设计,可采取系统论中网络分析技术,将统一尺度的监测网点看成一个系统,将组成系统各功能类型特征点位按时空划分组合,通过数学模拟和网络形式,寻求最佳统筹方案,找出最佳监测点位。

在环境监测活动中,作为研究对象的系统较多,系统规模大小与繁简程度亦不尽相同。对于结构简单、规模较小的系统,可直接观察分析,极易解决问题;然而,对于结构复杂、规模较大的系统,需要经过中间描述手段,借助一系列间接方法进行系统仿真描述。

环境监测实际工作中,不仅需要掌握环境质量现状,而且需预测分析未来一个时期环境状况,既应掌握某一污染物瞬间状况,还应研究其发展变化趋势或迁移转化规律,这都需要借助系统模型进行模拟分析,即对环境状况进行抽象或模仿,以反映各要素之间环境质量关系,是环境质量评价和预测的重要方法。

系统由多因素构成,各因素间相互作用、共同处于动态发展之中,关系复杂,故进行系统分析时,应做到内部因素与外部因素相结合,短期效应与长期效应相结合,局部效益与整体效益相结合,定性分析与定量分析相结合。环境监测质量保证更应遵循系统论原则,实施监测点位设置、现场测试与采样、实验室分析、监测数据处理、综合分析评价等全过程质量控制,不仅控制定量因素,而且控制定性因素。

### (二)环境监测中系统方法的原则

系统方法是科学研究与合理处理组成系统的全体对象整体联系的方法论。环境监测的系统方法,即:研究和处理环境监测诸环节——监测布点、现场测试与采样、实验室分析、监测数据处理、综合分析评价整体联系的方法论。环境监测全过程各环节相互联系、相互衔接、缺一不可。在研究和处理环境监测活动过程中,必须遵循系统方法的基本原则,即:目的性、整体性、相关性、有序性、动态性原则。

**1. 目的性原则**

任何一项人类活动都有一定目的,环境监测活动亦是如此。不同目的的环境监测工作,以及监测过程各环节都存在各自的目的,目的亦可理解为目标,既是价值取向,又是环境监测活动的方向和指南,目的或目标由一系列决策活动实现。一个目的或目标的提出需要科学规划,指出合理的目标集,以及实现目标的策略、途径、方法、对策措施等,它涉及目标的结构、目标的优先次序,衡量目标的政策、法规、标准。目的性是系统的龙头,属纲领性的;环境监测目的是全面、准确、及时、系统地掌握环境状况及其变化趋势,为环境管理提供技术支持和决策依据。

由此而论,环境监测的基本目的应以质量保证和监测效率为中心,深入研究环境监测活动过程和规律,实现环境监测全过程或整个系统的科学化。

**2. 整体性原则**

环境监测是环境管理的基础性工作,是以掌握区域、流域环境质量状况及其变化趋势为目的而存在和发展起来的公益性科技事业。然而,从概念来说,环境质量不是某些环境要素质量的叠加,而是相互联系、相互依存、相互制约的环境要素关系的总和。解释或剖析区域、流域环境质量现象,不仅需要通过其组成部分的各环境要素,而且还应充分估计到它们之间的相互联系、相互依存、相互制约关系。

一个地区环境质量优劣,不等于该地区环境空气、地表(下)水、土壤、声环境等质量的简单相加,必须分析研究各环境要素之间、各环境要素与经济社会活动之间、环境要素与其他要素之间相互联系、相互依存、相互制约关系,单纯追求某环境要素质量而忽视其他要素质量,例如城乡居民生活质量等,不能体现整体环境质量。确定环境监测系统方法时,绝不能以部分取代整体,不能用环境分析方法取代环境监测方法,必须考虑整体性,充分体现各环境要素之间相互联系、相互依存、相互制约关系总和。

**3. 相关性原则**

任何一个系统都由若干单元组成的,各单元之间的相互依赖性称为相关性。系统论的相关性原则是唯物辩证法的普遍联系特点的具体体现和实际运用。

环境监测作为客观存在的系统,是由具体监测活动诸环节相互联系、相互依存、相互制约而构成的整体。每个环节离开了它与周围条件的相互联系、相互作用,便失去存在的意义。例如,地表水质分析数据不能代表地下水质分析数据,虽然都是水质分析,但因其监测活动性质不同、监测过程各环节不存在相互联系关系。

一个完整的环境监测过程,如果监测点位设置错误或者样品采集、样品保存不规范,实验分析再精确也无济于事甚至是有害的。再如,仅注重实验室质量控制,而忽视环境监测全过程质量控制,将严重影响环境监测为环境管理服务的质量和水平。因此,环境监测系统论相关性原则,即是环境监测全过程各环节相互联系、相互依存、相互制约的原则。

**4. 有序性原则**

环境监测系统是科学、有序的,提高环境监测系统的运行机制,必须把握其有序性。就一个特定目的环境监测活动全过程而言,现场调查—监测布点—样品采集—运输保存—分析测试—数据处理—综合评价,环环相扣、互为前提、相互联系、依次排序、不可或缺。

就宏观而言,环境监测过程是获取、解释、运用数据资料的过程,三者之间互为前提、相互依存、联系密切,如果不注意它们之间的必然联系,监测工作必将失败。例如忽视监测布点、监测频率,环境时空代表性未解决好,一味追求监测仪器的高、精、尖,即使监测数据十分准确,也无法正确评价区域环境质量状况。

**5. 动态性原则**

环境监测不仅需要研究监测事业发展趋势和方向,而且应探索其发展的内外动力。环境监测事业发展动力应分析研究某一时期经济社会发展出现的环境问题新课题,不断提高为环境管理服务的能力与水平,集中体现在为环境管理服务的科学性、针对性、准确性、及时性。从人工监测到自动连续监测,从定性分析到定量分析,从污染物浓度控制到总量控制,从单要素环境质量评价到各要素环境质量综合评价等,都是在环境监测内外动力下推进的。静止的观点不是完整的系统方法,无所作为的观点是没有社会地位的。

进一步加强环境监测能力建设,使环境监测工作能够适应环境管理新形势的要求,必须正确把握动态性原则,不断开拓环境监测新领域,创新监测工作方法和监测工作机制,充分发挥环境监测活动各环节内涵作用、内外动力,严格按环境监测系统内在规律办事。

## 二、环境监测与控制论

控制是一种普遍现象,存在于一切系统之中,任何系统都有控制问题。控制的目的是揭示包括机器、生物、社会在内的各类不同控制系统的共同规律。它横跨自然科学和社会科学各学科领域,为各学科寻求一个统一的方法,因此,控制论是研究各类系统共同控制规律的科学,又被称为横断科学。例如:大气环境污染控制,不是单一学科可以解决的,应将人与环境、环境与发展作为一个大系统认识和研究,以期寻求国际社会共同努力的途径。从控制论看,控制大气环境污染应在全面调查与监测的基础上,依托现有管理与节能减排技术,世界各国携手共进。因此,环境监测必须以控制论方法研究和解决环境监测的实际问题。

控制论在研究各类系统——小系统、中系统、大系统共同存在规律与对象时,遵循"同构理论"和"信息反馈论"原则。信息是控制论的一个基本概念,若将控制过程中同构性比喻为控制的"骨骼",则控制过程中信息如同"血液"在控制反馈网络中流动。

**(一)控制的同构性**

一切控制系统共有的基本特点是信息交流与信息反馈,通信是信息的传递或交换,系统的控制过程就是信息的交换过程。

尽管机器与人存在着本质区别,具有"生命"差别,但机器的动作与人的行为过程,都有相当确切的同构性,即:实现机器的动作与人的行为过程中,均无例外地通过效应器官、感觉器官、中枢决策器官环节。

将自然科学与社会科学研究的目的、行为引入机器,赋予机器功能上人的属性,说明有控制功能的机器行为和目的看成与人的控制行为、目的相同,以此为环境监测模拟方法指明了功能模拟方向。例如,有控制的机器如同人脑具有加工、处理、发出信息功能,机器便像人一样"自觉"地工作,即:通过计算机与信息网络相结合,建立控制系统、情报系统、信息管理系统,实现环境监测自动控制。

### (二)控制的反馈性

控制的对象是系统,控制靠信息实现控制反馈;亦即,将已实现控制的效果作为决定或修改下一步控制作用的依据、信息反馈是个闭合系统,最大特点是任何误差无论来源何处都可利用"反馈原理"消除,尤其当系统工作受到种种干扰时,运用反馈原理便更加有用。

控制反馈性就是自适应性控制,对实践具有重要价值。例如,机器可利用控制的正负反馈作用原理,及时识别迅速变化的外界条件和自身变化,作出正确判断,随机应变发出反馈信号,以控制完成规定的任务。人可依靠对反馈机制的认识,开展各类控制技术研究,尤其生物反馈机制分析与模拟。

环境监测必须是一种受控活动,同样需要抓住信息反馈环节。缺乏反馈,仅有上情下达而无下情上达,就会脱离实际,犯主观主义错误。在实际的监控质量控制工作中,克服反馈失调和重视反馈调节同等重要。环境监测数据通过反馈,把握环境与发展过程及其规律,使其向良性方向发展,环境监测始终需要向有益于环境管理服务方向发展,监测过程必须处于受控状态,即环境监测质量控制理论与实践。

环境监测控制理论主要是研究环境监测系统状态的活动以及改变其活动规律的方法和可能性,活动规律指它们在一定内外部条件下必然产生的相应活动。内外部条件与活动过程之间存在着固定的因果关系,这种关系大部分可用数学关系式表达。

首先,可通过系统分析方法找出环境监测活动过程及其活动规律,建立系统的数学方程式。

其次,建模。建模方法有三种,即:解析法、实测法、统计法。解析法是将一个复杂的受控系统按其结构分解为若干独立的单元或组合,每个单元或组合又分为元件或环节;依据每个环节的理化性质,包括水文、气象因素等或过程特点,以分析观点与方法写出相应的数学模型——运动方程,即建模。

最后,将这些方程式按系统的结构原理和相互作用关系联系起来,构成一个方程组。此法仅能适用于易分解为独立部分受控对象,事实上,不是所有受控对象都能如此分解。因为分解后的环节和在系统中该环节有质的差别,当不能分解时,可借助于实测法,例如采样系统。

环境样品随时空变化而改变,控制目的具有代表性,受控对象输入端控制量不稳定,是已知其统计特征的随机过程,可用统计实验法达到以最少的测点和频率获取最有代表性监测数据之目的。提高环境监测效率,全面、准确、及时、系统地为环境管理提供优质服务,必须寻求、探索、研究实现这一目标的控制规律。诸如建立优化布点理论与方法,发展简易、快速、高效的测试分析理论与方法,研究环境质量描述理论与方法等。这些理论与方法都是建立在其监测目标影响规律基础之上的,同时,还应看到环境监测各环节在运动中不断出现新的矛盾和问题。

我国环境监测事业的发展过程是环境监测工作各环节不断产生新矛盾,又不断解决新问题的过程。我们要利用控制反馈理论与系统分析方法,适时并能动地掌握矛盾发生和发展规律,控制、运用好环境监测事业与经济社会发展的矛盾规律,推进环境监测事业健康发展。

当前和未来,控制论向宏观、大系统方向发展。一般系统与大系统的区别是,经典的一般系统仅解决总体目标中某一关键性因素的控制,即使扩展到若干个关键因素的控制,依然有局限性。而大系统控制,是整个系统,研究全部性能指标,往往具有规模庞大、因素众多、结构复杂、功能综合等特点。例如,若将全国环境监测机构视为一个大系统,研究其纵向、横向、不同层次监测工作过程和规律;若将全球环境视为一个大系统,研究控制其资源环境变化规律;向智能科学发展,人工智能便是研究人的智能的机制与人的智能在机器中的再现;当环境发生变化时,机器可直接运用已有认知得到适当的控制方案,毋须重新探索和计算。

## 三、环境监测与信息论

信息是通过加工处理之后的一种数据形式,它可提高人们认识实务的程度,用以帮助规划和计划制定、执行与控制。信息有自然信息、文化信息、功能信息、非功能信息、自然科学信息、社会科学信息等,环境信息是其中之一。人类生活在信息的海洋中,时刻离不开信息。有效地开展各项工作,必然需要足够的信息,因此也可以把信息理解为指示。信息具有以下属性:

第一,信息具有使用价值和价值。环境信息是通过一系列监测活动并经加工处理得到的,使其对环境管理决策活动产生影响的数据或依据形式,带来环境经济效益,具有使用价值和价值。信息价值大小取决于由获取该信息产生的决策行为得到的效益,大于为得到该信息而付出的代价多少。若信息滋生成本大于由其引起的决策行为变化而取得的效益,该信息无价值。

第二,信息可减少认知不确定性。信息的作用是,它可告诉接收者原来不知或不可预言的情况。在一个充满不确定因素的环境中,信息能够减少这种不确定因素,改善管理抉择或决策活动中达到预期目标的概率,例如:环境信息存在的必要性,是环境管理活动中重大抉择或决策需要的,如果不存在重大环境抉择或决策,环境信息即无存在价值。因而,信息是对事物有序性的一种度量,也称为事物的一种"负熵"。

第三,信息滞后性与生命期。信息的滞后(期)性,指构成该信息的各类基本数据产生之后,到加工处理,乃至用于管理抉择或决策活动之间的时间延迟。通常信息延迟因素有:一是信息加工处理需要一定时间;二是许多实际管理抉择或决策活动按固定周期(周、月、季、年等)开展,与此相适应,信息需求也是周期性的。

就环境监测信息而言,尽管全国各地环境监测机构建立了网络数据库和自动连续监测系统等数据采集平台,加工处理环境监测数据过程可在较短时间内完成,环境监测信息几乎无滞后因素。然而,环境监测报告制度规定,环境监测数据信息按一定时间间隔提供。产生的原因有三点:一是环境管理活动对于短期间隔数据不敏感;二是鉴于县区级环境监测机构不具备短期环境监测报告能力,环境监测报告制度规定按固定周期(周、月、季、年)提供环境监测数据;三是环境管理实践经验表明,环境监测定期报告制度对环境管理决策活动更为有力。信息生命周期描述从信息产生起至对管理抉择或决策活动起作用所经历的时间周期。

第四,信息编码与信息量。在计算机信息系统中,采取不同编码形式表示各类信息,将仅考虑信息交换的系统,称为"信息系统"。最基本的信息系统由信源、发信机、信道、收信机、收信者、噪声源组成。

有关信息属性的理论,已形成专门学科——信息论。各级环境监测机构是提供和反馈环境信息的机构之一,环境信息是环境监测的灵魂,因而,环境监测最注重信息流通。首先,环境监测的首要任务是捕获相关环境质量代表性信息;其次,加工处理环境质量信息;最后,向环境管理部门提供和反馈环境质量信息。"捕获—加工—反馈"是环境监测全过程,由环境监测工作特征所决定。此外,实现环境监测高效运转,必须重视内外信息流通,若环境监测机构内部信息与外部信息不同,其环境监测工作难以实现有效监测。

　　环境监测综合分析人员,应经常分析具体信息流通过程及其作用,以决定下一循环是否需要获取此信息。外部信息亦应实时跟踪,多次跟踪反馈精选,以不断提高信息质量。在复杂环境要素监测信息系统中,"信息论"的意义有三点:一是信息获取需要付出代价,但信息在辅助决策活动中又具使用价值,通过改善决策活动而获取更大价值;二是信息可用以减少认识过程中的不确定因素,只有在抉择和选择情况下,才需要信息对决策活动予以辅助;三是在数据传输过程中,往往需要借助反馈数据对其进行控制,反馈数据自身无信息价值,需加工处理。

　　不同层次的环境管理部门承担的任务相同,与完成其任务所需信息特征不尽相同;环境监测机构各职能部门业务技术活动特点不同,与完成其任务所需信息特征亦不尽相同。一般来说,作业处理及所需信息,主要由环境监测机构内部常规监测活动数据处理后得到,较少考虑环境监测机构外部环境情况;越是上级环境监测机构或环境管理部门,越需要更多地考虑环境监测机构环境要素影响,需要更多的外部信息。环境监测一线专业技术人员所涉及的信息大都是结构性的,可通过较为简单的程序化方法予以处理,越是上级环境管理部门,所需信息越缺乏结构性,不可采取简单化方法处理,更多地需要通过数学或理化模拟等复杂处理方法,以及管理经验、管理艺术予以处理。综合环境监测机构纵向与横向关系,上层环境监测机构又可分为战术级和战略级。

　　计算机网络信息系统由数据处理系统、信息管理系统、决策支持系统组成。数据处理系统是利用计算机高速自动化计算功能代替原手工,乃至机械数据处理系统,形成电子数据处理系统;信息管理系统是在电子数据处理系统基础上,充分运用数据库技术管理数学模型建立起来的综合系统,其功能和结构更加复杂的系统。它更强调信息对环境监测数据预测和管理能力,以及对各级环境管理部门决策活动的辅助作用。一般来说,一个具有环境监测数据库的普通数据处理系统,加上一个环境信息查询功能和1~2个环境计划或环境决策模型,便形成一个信息管理系统;通过相应智能软件,实现像具有环境监测专业知识的"专家"那样,获取和使用环境监测知识,做专家可以做的环境监测计算机系统,称为"专家系统"。以专家系统为基础,用以解决非结构性、非程序化的管理决策问题的人机交换系统,是当今环境监测领域应用的新课题——决策支持系统。

## 四、环境监测与现代管理

从某种意义来说,管理就是决策,是组织、计划、协调、控制被管理系统的连续过程。从管理含义和职能看,现代管理与传统管理不存在原则性区别,都是对被管理系统做出决策,依靠组织、计划、协调、控制职能,指挥和协调被管理事务,实现对被管理系统特定目标。然而,从管理对象和方法看,现代管理与传统管理有很大差别。

现代管理是实现环境监测活动有效实施的重要保障,其主要作用有以下三个方面:

第一,提供建立环境监测质量保证体系可能性。环境监测质量保证既重要又复杂:环境监测质量保证重要是因环境监测质量直接影响环境管理的针对性和有效性,规避决策失误;环境监测质量保证复杂是因影响环境质量的因素错综复杂,瞬息万变,环境监测质量保证自身亦具有很多不确定性,需要大量定性和定量信息对环境监测质量保证工作计划或实施方案进行不断"微观决策",传统的管理办法已不适用,而现代管理的系统设计,则能较好地解决质量管理问题。这就要求建立质量保证信息管理系统,帮助质量管理人员进行定性与定量分析的同一形态信息系统模型。此类模型可以是构图模型、网络模型、电子模型等,质量管理人员可通过直观模型,随时掌握庞杂的质量保证系统运行情况,尤其是国家级尺度的环境监测质量保证系统,更需要借助各类信息系统模型,实施全国环境监测质量管理。

第二,为高级管理人员提供整体和全局宏观控制方法。当代环境监测系统的复杂性,迫使环境监测质量管理人员不得不超脱具体细节,从环境监测组合关系、环境监测工作整体为环境管理服务全局控制环境监测活动复杂系统的运行。环境监测质量高级管理人员事实上无法掌握每个环境监测活动细节,实施具体的环境监测质量管理工作必须运用现代管理理论与方法,实行优化设计、分层次和领域管理、宏观业务技术指导。

第三,促进整体环境监测效率提升。由于环境监测在环境管理中有着"耳目"的特殊地位,因而,提高"耳目"的质量极其重要。环境监测质量与效率包含两个方面:一是环境监测系统自身运转的质量与效率;二是为环境管理服务的质量与效率,二者缺一不可。就环境监测效率而言,它包括环境监测活动各环节(小系统)的效率。现代管理的一个基本思想,就是把握被管理系统的主题动态计划或方案,注意环境监测活动的组合关系,注重每个联系着的环节自身抽象,关注环境信息的收集和反馈。这种思想用于指导环境监测全过程,对环境监测工作大有裨益。

# 第二章　大气与气体监测

## 第一节　空气污染及监测方案制订

### 一、空气污染概述

大气指包围在地球周围的气体,其厚度达 1000～1400km,其中,对人类及生物生存起着重要作用的是近地面约 10km 内的空气层(对流层)。空气层厚度虽然比大气层厚度小得多,但空气质量却占大气总质量的 95% 左右。在环境科学书籍、资料中,常把"空气"和"大气"作为同义词使用。

清洁干燥的空气主要组分是:氮 78.06%、氧 20.95%、氩 0.93%。这三种气体的总和约占总体积的 99.94%,其余尚有十多种气体总和不足 0.1%。实际空气中含有水蒸气,其浓度因地理位置和气象条件不同而异,干燥地区可低至 0.02%,而暖湿地区可高达 0.46%。清洁的空气是人类和生物赖以生存的环境要素之一。在通常情况下,每人每日平均吸入 10～12$m^3$ 的空气,在 60～90$m^3$ 的肺泡面积上进行气体交换,吸收生命所必需的氧气,以维持人体正常生理活动。

随着工业及交通运输等事业的迅速发展,特别是煤和石油的大量使用,将产生的大量有害物质如烟尘、二氧化硫、氮氧化物、一氧化碳、碳氢化合物等排放到空气中,当其浓度超过环境所能允许的极限并持续一定时间后,就会改变空气的正常组成,破坏自然的物理、化学和生态平衡体系,从而危害人们的生活、工作和健康,损害自然资源及财产、器物等,这种情况即被称为空气污染。

#### (一)空气污染源的产生原因

空气污染源可分为自然源和人为源两种。自然污染源是由于自然现象造成的,如火山爆发时喷射出大量粉尘、二氧化硫气体等;森林火灾产生大量二氧化碳、碳氢化合物、热辐射等。人为污染源是由于人类的生产和生活活动造成的,是空气污染的主要来源,主要有以下三方面:

**1. 工业企业排放的废气**

在工业企业排放的废气中,排放量最大的是以煤和石油为燃料,在燃烧过程中排放的粉尘、二氧化硫、氮氧化物、一氧化碳、碳氢化合物等,其次是工业生产过程中排放的多种有机和无机污染物质。

**2. 交通运输工具排放的废气**

交通运输工具排放的废气主要是交通车辆、轮船、飞机排出的废气。其中,汽车数量最大,并且集中在城市,故对空气质量特别是城市空气质量影响大,是一种严重的空气污染源,其排放的主要污染物有碳氢化合物、一氧化碳、氮氧化物和黑烟等。

**3. 室内空气污染源**

随着人们生活水平、现代化水平的提高,加上信息技术的飞速发展,人们在室内活动的时间越来越长。室内环境污染直接威胁着人们的身体健康,室内环境污染将提高急、慢性呼吸系统障碍疾病的发生率,特别是造成肺结核、鼻、咽、喉和肺癌、白血病等疾病的发生率、死亡率上升,导致社会劳动效率降低。室内污染来源是多方面的,含有过量有害物质的化学建材大量使用、装修不当、高层封闭建筑新风不足、室内公共场合人口密度过高等,使室内污染物质难以被分稀释和置换,从而引起室内环境污染。

室内空气污染来源有:化学建材和装饰材料中的油漆;胶合板、内墙涂料、刨花板中含有的挥发性的有机物,如甲醛、苯、甲苯、氯仿等有毒物质;大理石、地砖、瓷砖中的放射性物质的排放(氡气及其子体);烹饪、吸烟等室内燃烧所产生的油、烟污染物质;人群密集且通风不良的封闭室内二氧化碳过高;空气中的霉菌、真菌和病毒等。

**(二)空气污染物及存在状态**

空气污染物的种类不下数千种,已发现有危害作用而被人们注意到的有一百多种,其中大部分是有机物。空气污染物的分类方法有以下两种:

**1. 依据空气污染物的形成过程**

依据空气污染物的形成过程可分为一次污染物和二次污染物。

(1)一次污染物:直接从各种污染源排放到大气中的有害物质。常见的主要有二氧化硫、氮氧化物、一氧化碳、碳氢化合物、颗粒性物质等。颗粒性物质中包含苯并[a]芘等强致癌物质、有毒重金属、多种有机和无机化合物等。

（2）二次污染物：一次污染物在大气中相互作用或它们与大气中的正常组分发生反应所产生的新污染物。这些新污染物与一次污染物的化学、物理性质完全不同，多为气溶胶，具有颗粒小、毒性一般比一次污染物大等特点。常见的二次污染物有硫酸盐、硝酸盐、醛类（乙醛和丙烯醛等）、过氧乙酰硝酸酯（PAN）等。

**2.依据空气污染物存在的状态**

大气中污染物质的存在状态由其自身的物理、化学性质及形成过程决定，气象条件也起一定作用。一般有两种存在状态，即分子状态和粒子状态。分子状态污染物也称气体状态污染物，粒子状态污染物也称气溶胶状态污染物或颗粒污染物。

（1）分子状态污染物。某些物质如二氧化硫、氮氧化物、一氧化碳、氯化氢、氯气、臭氧等沸点都很低，在常温、常压下以气体分子形式分散于大气中。还有些物质如苯、苯酚等，虽然在常温、常压下是液体或固体，但因其挥发性强，故能以蒸气态进入大气中。

无论是气体分子还是蒸气分子，都具有运动速度较大、扩散快、在大气中分布比较均匀的特点。它们的扩散情况与自身的比重有关，比重大者向下沉降，如汞蒸气等；比重小者向上飘浮，并受气象条件的影响，可随气流扩散到很远的地方。

（2）粒子状态污染物。粒子状（颗粒状）污染物是分散在大气中的微小液体和固体颗粒。粒径大小在 $0.01\sim100\mu m$ 之间，是一个复杂的非均匀体系。通常根据颗粒物的重力沉降特性分为降尘和飘尘，粒径大于 $10\mu m$ 的颗粒物能较快地沉降到地面上，称为降尘；粒径小于 $10\mu m$ 的颗粒物（PM10）可以长期漂浮在大气中，这类颗粒物称为可吸入颗粒物或飘尘（IP）。空气污染常规测定项目总悬浮颗粒物（TSP）是粒径小于 $100\mu m$ 颗粒物的总称。

粒径小于 $10\mu m$ 的颗粒物还具有胶体的特性，故又称气溶胶。它包括平常所说的雾、烟和尘。

雾是液态分散型气溶胶和液态凝结型气溶胶的统称。形成液态分散性气溶胶的物质在常温下是液体，当它们因飞溅、喷射等原因被雾化后，即形成微小的液滴分散在大气中。液态凝结型气溶胶则是由于加热使液体变为蒸汽散发在大气中,遇冷后凝结成微小的液滴悬浮在大气中,雾的粒径一般在 $10\mu m$。

烟是指燃煤时所产生的煤烟和高温熔炼时产生的烟气等,它是固态凝结型气溶胶,生成这种气溶胶的物质在通常情况下是固体,在高温下由于蒸发或升华作用变成气体逸散到大气中,遇冷凝结成微小的固体颗粒,悬浮在大气中构成烟。烟的粒径一般在 $0.01\sim1\mu m$ 之间。平常所说的烟雾,具有烟和雾的特性,是固、液混合气溶胶。一般烟和雾同时形成时就构成烟雾。

尘是固体分散性微粒,它包括交通车辆行驶时带起的扬尘,粉碎、爆破时产生的粉尘等。

### (三)空气污染物的分布特点

与其他环境要素中的污染物质相比较,空气中的污染物质具有随时间、空间变化大的特点。了解该特点,对于获得正确反映空气污染实况的监测结果有重要意义。

空气污染物的时空分布及其浓度与污染物排放源的分布、排放量及地形、地貌、气象等条件密切相关。

气象条件如风向、风速、大气湍流、大气稳定度总在不停地改变,故污染物的稀释与扩散情况也不断地变化。同一污染源对同一地点在不同时间所造成的地面空气污染浓度往往相差数倍至数十倍;同一时间不同地点也相差甚大。一次污染物和二次污染物浓度在一天之内也不断地变化。一次污染物因受逆温层及气温、气压等限制,清晨和黄昏浓度较高,中午较低;二次污染物如光化学烟雾,因在阳光照射下才能形成,故中午浓度较高,清晨和夜晚浓度低。风速大,大气不稳定,则污染物稀释扩散速度快,浓度变化也快;反之,稀释扩散慢,浓度变化也慢。

污染源的类型、排放规律及污染物的性质不同,其时空分布特点也不同。例如,我国北方城市空气中二氧化硫浓度的变化规律是:在一年内,1月、2月、11月、12月属采暖期,二氧化硫浓度比其他月份高;在一天之内,6:00—8:00 和 18:00—21:00 为供热高峰时间,二氧化硫浓度比其他时间高。点污染源或线污染源排放的污染物浓度变化较快,涉及范围较小;大量地面小污染源(如工业区炉窑、分散供热锅炉等)构成的面污染源排放的污染浓度分布比较均匀,并随气象条件变化有较强的变化规律。就污染物的性质而言,质量轻的分子态或气溶胶态污染物高度分散在空气中,易扩散和稀释,随时空变化快;质量较重的尘、汞蒸气等,扩散能力差,影响范围较小。

## 二、空气污染监测方案的制订

制订空气污染监测方案先要根据监测目的进行调查研究,收集相关的资料,然后经过综合分析,确定监测项目,设计布点网络,选定采样频率、采样方法和监测技术,建立质量保证程序和措施,提出进度安排计划和对监测结果报告的要求等。下面结合我国现行技术规范,对监测方案的基本内容进行介绍。

### (一)空气污染监测的基本目的

(1)通过对环境空气中主要污染物质进行定期或连续监测,判断空气质量是否符合《环境空气质量标准》(GB 3095—2012)或环境规划目标的要求,为空气质量状况评价提供依据。

(2)为研究空气质量的变化规律和发展趋势,开展空气污染的预测预报,以及研究污染物迁移、转化情况提供基础资料。

(3)为政府环保部门执行环境保护法规,开展空气质量管理及修订空气质量标准提供依据和基础资料。

### (二)空气污染监测的资料收集

进行大气污染监测前,首先要收集必要的基础资料,然后经过综合分析,确定监测项目,设计布点网络,选定采样频率、采样方法和监测技术,建立质量保证程序和措施,提出监测结果报告要求及进度计划等。

(1)污染源分布及排放情况。通过调查,将监测区域内的污染源类型、数量、位置、排放的主要污染物及排放量等调查清楚,同时还应了解所用原料、燃料及消耗量。注意将由高烟囱排放的较大污染源与由低烟囱排放的小污染源区别开来。因为小污染源的排放高度低,对周围地区地面空气中污染物浓度影响比高烟囱排放源大。另外,对于交通运输污染较重和有石油化工企业的地区,应区别一次污染物和由于光化学反应产生的二次污染物。因为二次污染物是在大气中形成的,其高浓度可能在远离污染源的地方,在布设监测点时应加以考虑。

(2)气象资料。污染物在空气中的扩散、迁移和一系列的物理、化学变化在很大程度上取决于当时当地的气象条件。因此,要收集监测区域的风向、风速、气温、气压、降水量、日照时间、相对湿度、温度垂直梯度和逆温层底部高度等资料。

(3)地形资料。地形对当地的风向、风速和大气稳定情况等有影响,是设置监测网点应当考虑的重要因素。例如,工业区建在河谷地区时,出现逆温层的可能性大;位于丘陵地区的城市,市区内空气污染物的浓度梯度会相当大;位于海边的城市会受海、陆风的影响,而位于山区的城市会受山谷风的影响等。为掌握污染物的实际分布状况,监测区域的地形越复杂,要求布设监测点越多。

(4)土地利用和功能分区情况。监测区域内土地利用情况及功能区划分也是设置监测网点应考虑的重要因素之一。不同功能区的污染状况是不同的,如工业区、商业区、混合区、居民区等,还可以按照建筑物的密度、有无绿化地带等做进一步分类。

(5)人口分布及人群健康情况。环境保护的目的是维护自然环境的生态平衡,保护人群的健康,因此,掌握监测区域的人口分布、居民和动植物受空气污染危害情况及流行性疾病等资料,对制订监测方案、分析判断监测结果是有益的。

此外,对于监测区域以往的空气监测资料等也应尽量收集,供制订监测方案参考。

### (三)空气污染监测的一般项目

大气中的污染物质多种多样,应根据优先监测的原则,选择那些危害大、涉及范围广、测定方法成熟的污染物进行监测。

#### 1. 空气污染常规监测项目

必测项目:二氧化硫、氮氧化物、总悬浮颗粒物、硫酸盐化速率、灰尘、自然降尘量。

选测项目:一氧化碳、飘尘、光化学氧化剂、氟化物、铅、汞、苯并[a]芘、总烃及非甲烷烃。

#### 2. 连续采样实验室分析项目

必测项目:二氧化硫、氮氧化物、可吸入颗粒物、细颗粒物、硫酸盐化速率、灰尘、自然降尘量。

选测项目:一氧化碳、光化学氧化剂、氟化物、铅、苯并[a]芘、总烃及非甲烷烃。

**3. 大气环境自动监测系统监测项目**

必测项目：二氧化硫、二氧化氮、可吸入颗粒物、细颗粒物、臭氧、一氧化碳。

选测项目：总碳氢化合物。

### (四) 空气污染监测的采样点布设

**1. 布设采样点的要求**

(1) 采样点应设在整个监测区域的高、中、低三种不同污染物浓度的地方。

(2) 在污染源比较集中、主导风向比较明显的情况下，应将污染源的下风向作为主要监测范围，布设较多的采样点，上风向布设少量点作为对照。

(3) 工业较密集的城区和工矿区、人口密度及污染物超标地区，要适当增设采样点；城市郊区和农村、人口密度小及污染物浓度低的地区，可酌情少设采样点。

(4) 采样点的周围应开阔，采样口水平线与周围建筑物高度的夹角应不大于30°，测点周围无局部污染源，并应避开树木及吸附能力较强的建筑物。交通密集区的采样点应设在距人行道边缘至少1.5m远处。

(5) 各采样点的设置条件要尽可能一致或标准化，使获得的监测数据具有可比性。

(6) 采样高度根据监测目的而定，研究大气污染对人体的危害，应将采样器或测定仪器设置于常人呼吸带高度，即采样口应在离地面1.5~2m处；研究大气污染对植物或器物的影响，采样口高度应与植物或器物高度相近；连续采样例行监测采样口高度应距地面3~15m；若置于屋顶采样，采样口应与基础面有1.5m以上的相对高度，以减小扬尘的影响。特殊地形地区可视实际情况选择采样高度。

**2. 布设采样点的方法**

(1) 功能区布点法。一个城市或一个区域可以按其功能分为工业区、居民区、交通稠密区、商业繁华区、文化区、清洁区、对照区等。各功能区的采样点数目的设置不要求平均，通常在污染集中的工业区、人口密集的居民区、交通稠密区应多设采样点。同时在对照区或清洁区设1~2个对照点。

(2) 网格布点法。网格布点法是将监测区域地面划分成若干均匀网状方格，采样点设在两条直线的交点处或方格中心。每个方格为正方形，可从地图上均匀描绘,方格实地面积视所测区域大小、污染源强度、人口分布、监测目的和监测力量而定,一般是 $1\sim9km^2$ 布一个点。若主导风向明确,下风向设点应多一些,一般约占采样点总数的 60%。这种布点方法适用于有多个污染源且分布比较均匀的情况。

(3)同心圆布点法。同心圆布点法主要用于多个污染源构成的污染群,或污染集中的地区。布点时以污染源为中心画出同心圆,半径视具体情况而定,再从同心圆画射线若干,放射线与同心圆圆周的交点即是采样点。不同圆周上的采样点数目不一定相等或均匀分布,常年主导风向的下风向比上风向多设一些点。例如,同心圆半径分别取 4km、10km、20km、40km,从里向外各圆周上分别设 4、8、8、4 个采样点。

(4)扇形布点法。扇形布点法适用于主导风向明显的地区,或孤立的高架点源。以点源为顶点,主导风向为轴线,在下风向地面上划出一个扇形区域作为布点范围。扇形的角度一般为 45°,也可更大些,但不能超过 90°。采样点设在扇形平面内距点源不同距离的若干弧线上。每条弧线上设 3~4 个采样点,相邻两点与顶点连线的夹角一般取 10°~20°。在上风向应设对照点。

(5)平行布点法。平行布点法适用于线性污染源。线性污染源如公路等,在距公路两侧 1m 左右布设监测网点,然后在距公路 100m 左右的距离布设与前面监测点对应的监测点,目的是了解污染物经过扩散后对环境产生的影响。在前后两点对比采样的时候注意污染物组分的变化。

在采用同心圆和扇形布点法时,应考虑高架点源排放污染物的扩散特点,在不计污染物本底浓度时,点源脚下的污染物浓度为零,随着距离增加,很快出现浓度最大值,然后按指数规律下降。因此,同心圆或弧线不宜等距离划分,而是靠近最大浓度值的地方密一些,以免漏测最大浓度的位置。

以上几种采样布点方法可以单独使用,也可以综合使用,目的就是要求能有代表性地反映污染物浓度,为大气监测提供可靠的样品。

**3. 布设采样点的数目**

采样点的数目设置是一个与精度要求和经济投资相关的效益函数,应根据监测范围大小、污染物的空间分布特征、人口分布密度、气象、地形、经济条件等因素综合考虑确定。

**(五)空气污染监测的采样要求**

采样时间是指每次采样从开始到结束所经历的时间,也称采样时段。

采样频率系指在一定时间范围内的采样次数。这两个参数要根据监测目的、污染物分布特征及人力物力等因素决定。采样时间短,试样缺乏代表性,监测结果不能反映污染物。浓度随时间的变化,仅适用于事故性污染、初步调查等情况的应急监测。为增加采样时间,目前采用以下两种办法:

(1)增加采样频率,即每隔一定时间采样测定一次,取多个试样测定结果的平均值为代表值。例如,在一个季度内,每六天或每个月采样一天,而一天内又间隔等时间采样测定一次(如在2时、8时、14时、20时采样分别测定),求出日平均、月平均和季度平均监测结果。这种方法适用于受人力、物力限制而进行人工采样测定的情况,是目前进行大气污染常规监测、环境质量评价现状监测等广泛采用的方法。若采样频率安排合理、适当,积累足够多的数据,则具有较好的代表性。

(2)使用自动采样仪器进行连续自动采样,若再配用污染组分连续或间歇自动监测仪器,其监测结果能很好地反映污染物浓度的变化,得到任何一段时间(如1小时、1天、1个月、1个季度或1年)的代表值(平均值),这是最佳采样和测定方式。显然,连续自动采样监测频率可以选得很高,采样时间很长,如一些国家为监测空气质量的长期变化趋势,要求计算年平均值的积累采样时间在6000h以上。

## 第二节 空气样品的采集仪器与方法

### 一、空气样品的采样仪器

直接采样法采样时用注射器、塑料袋、采气管等即可。富集采样法使用的采样仪器主要由收集器、流量计、抽气泵组成。大气采样仪器的型号很多,按其用途可分为气态污染物采样器和颗粒物采样器等。

### 二、空气样品的采集方法

采集空气样品的方法可归纳为直接采样法和富集(浓缩)采样法两类。

## （一）直接采样法

当空气中被测组分浓度较高，或所用的分析方法灵敏度很高时，可选用直接采取少量气体样品的采样法。用该法测得的结果是瞬时或者短时间内的平均浓度，而且可以比较快地得到分析结果。直接采样法常用的容器有以下四种：

(1)注射器采样。用100mL的注射器直接连接一个活塞。采样时，先用现场空气或废气抽吸注射器3～5次，然后抽样，密封进样口，将注射器进气口朝下，垂直放置，使注射器的内压略大于大气压。要注意样品存放时间不宜太长，一般要当天分析完；所用的注射器要做磨口密封性的检查，有时需要对注射器的刻度进行校准。

(2)塑料袋采样。常用的塑料袋有聚乙烯、聚氯乙烯和聚四氯乙烯袋等，用金属衬里（铝箔等）的袋子采样，能防止样品的渗透。为了检验对样品的吸附或渗透，建议事先对塑料袋进行样品稳定性试验。稳定性较差的，用已知浓度的待测物在与样品相同的条件下保存，计算出吸附损失后，对分析结果进行校正。此外，应对其气密性进行检查：将袋充足气后，密封进气口，将其置于水中，不应冒气泡。

(3)真空瓶采样。真空瓶是一种用耐压玻璃制成的固定容器，其容积为500～1000mL，采样前抽至真空。采样时打开瓶塞，被测空气自行充进瓶中。真空采样瓶要注意的是必须要进行严格的漏气检查和清洗。

(4)采气管采样。采样管的两端有活塞，其容积为100～500mL，采集时在现场用二联球打气，使通过采气管的被测气体量至少为管体积的6～10倍，充分置换掉原有的空气，然后封闭两端管口。采样体积即为采气管的容积。

## （二）富集采样法

富集采样法又称浓缩采样法。大气中的污染物质浓度一般都比较低（ppm～ppb数量级），直接采样法往往不能满足分析方法检测限的要求，故需要用富集采样法对大气中的污染物进行浓缩。富集采样时间一般比较长，测得结果代表采样时段的平均浓度，更能反映大气污染的真实情况。这种采样方法有溶液吸收法、填充柱阻留法、滤料阻留法、低温冷凝法及自然积聚法等。

**1. 溶液吸收法**

溶液吸收法是采集大气中气态、蒸气态及某些气溶胶态污染物质的常用方法。采样时,用抽气装置将欲测空气以一定流量抽入装有吸收液的吸收管(瓶)。采样结束后,倒出吸收液进行测定,根据测得结果及采样体积计算大气中污染物的浓度。

溶液吸收法的吸收效率主要决定于吸收速度和氧气与吸收液的接触面积。

欲提高吸收速度,必须根据被吸收污染物的性质选择效能好的吸收液。常用的吸收液有水、水溶液和有机溶剂等。按照它们的吸收原理可分为两种类型,一种是气体分子溶解于溶液中的物理作用,如用水吸收大气中的氯化氢、甲醛;用5%的甲醇吸收有机农药;用10%乙醇吸收硝基苯等。另一种吸收原理是基于发生化学反应。例如,用氢氧化钠溶液吸收大气中的硫化氢基于中和反应;用四氯汞钾溶液吸收二氧化硫基于络合反应等。伴有化学反应的吸收溶液的吸收速度比单靠溶解作用的吸收液吸收速度快得多。因此,除采集溶解度非常大的气态物质外,一般都选用伴有化学反应的吸收液。

吸收液的选择原则是:①与被采集的物质发生化学反应快或对其溶解度大;②污染物质被吸收液吸收后,要有足够的稳定时间,以满足分析测定所需时间的要求;③污染物质被吸收后,应有利于下一步分析测定,最好能直接用于测定;④吸收液毒性小、价格低、易于购买,且尽可能回收利用。

增大被采气体与吸收液接触面积的有效措施是选用结构适宜的吸收管(瓶)。

(1)气泡吸收管。这种吸收管可装 5~10mL 吸收液,采样流量为 0.5~2.0L/min,适用于采集气态和蒸气态物质。对于气溶胶态物质,因不能像气态分子那样快速扩散到气液界面上,故吸收效率差。

(2)冲击式吸收管。这种吸收管有小型(装 5~10mL 吸收液,采样流量为 3.0L/min)和大型(装 50~100mL 吸收液,采样流量为 30L/min)两种规格,适宜采集气溶胶态物质。因为该吸收管的进气管喷嘴孔径小,距瓶底又很近,当被采气样快速从喷嘴喷出冲向管底时,则气溶胶颗粒因惯性作用冲击到管底被分散,从而易被吸收液吸收。冲击式吸收管不适合采集气态和蒸气态物质,因为气体分子的惯性小,在快速抽气情况下,容易随空气一起跑掉。

(3)多孔筛板吸收管(瓶)。该吸收管可装 5~10mL 吸收液,采样流量为 0.1~1.0L/min。吸收瓶有小型(装 10~30mL 吸收液,采样流量为

0.5～2.0L/min)和大型(装 50～100mL 吸收液,采样流量 30L/min)两种。气样通过吸收管(瓶)的筛板后,被分散成很小的气泡,且阻留时间长,大大增加了气液接触面积,从而提高了吸收效果。它们除适合采集气态和蒸气态物质外,也能采集气溶胶态物质。

**2. 填充柱阻留法**

填充柱是用一根长 6～10cm、内径 3～5mm 的玻璃管或塑料管,内装颗粒状或纤维状填充剂制成。采样时,让气样以一定流速通过填充柱,则欲测组分因吸附、溶解或化学反应等作用被阻留在填充剂上,达到浓缩采样的目的。采样后,通过解吸或溶剂洗脱,使被测组分从填充剂上释放出来进行测定。根据填充剂阻留作用的原理,可分为吸附型、分配型和反应型三种类型。

(1)吸附型填充柱。这种柱的填充剂是颗粒状固体吸附剂,如活性炭、硅胶、分子筛、高分子多孔微球等。它们都是多孔性物质,比表面积大,对气体和蒸气有较强的吸附能力。有两种表面吸附作用:一种是由于分子间引力引起的物理吸附,吸附力较弱;另一种是由于剩余价键力引起的化学吸附,吸附力较强。极性吸附剂如硅胶等,对极性化合物有较强的吸附能力;非极性吸附剂如活性炭等,对非极性化合物有较强的吸附能力。一般说来,吸附能力越强,采样效率越高,但这往往会给解吸带来困难。因此,在选择吸附剂时,既要考虑吸附效率,又要考虑易于解吸。

(2)分配型填充柱。这种填充柱的填充剂是表面涂高沸点有机溶剂(如异十三烷)的惰性多孔颗粒物(如硅藻土),类似于气液色谱柱中的固定相,只是有机溶剂的用量比色谱固定相大。当被采集气样通过填充柱时,在有机溶剂(固定液)中分配系数大的组分保留在填充剂上而被富集。例如,空气中的有机氯农药和多氯联苯多以蒸气或气溶胶态存在,用溶液吸收法采样效率低,但用涂渍 5%甘油的硅酸铝载体填充剂采样,采集效率可达 90%～100%。

(3)反应型填充柱。这种柱的填充剂是由惰性多孔颗粒物(如石英砂、玻璃微球等)或纤维状物(如滤纸、玻璃棉等)表面涂渍能与被测组分发生化学反应的试剂制成。也可以用能和被测组分发生化学反应的纯金属(如 Au、Ag、Cu 等)丝毛或细粒作填充剂。气样通过填充柱时,被测组分在填充剂表面因发生化学反应而被阻留。采样后,将反应产物用适宜溶剂洗脱或加热吹气解吸下来进行分析。例如,空气中的微量氨可用装有涂渍硫酸的石英砂填充柱富集。采样后,用水洗脱下来测定之。反应型填充柱采样量和采样速度都比较大,富集物稳定,对气态、蒸气态和气溶胶态物质都有较高的富集效率。

**3. 滤料阻留法**

滤料阻留法是将过滤材料(滤纸、滤膜等)放在采样夹上,用抽气装置抽气,则空气中的颗粒物被阻留在过滤材料上,称量过滤材料上富集的颗粒物质量,根据采样体积,即可计算出空气中颗粒物的浓度。

滤料采集空气中气溶胶颗粒物基于直接阻截、惯性碰撞、扩散沉降、静电引力和重力沉降等作用。滤料的采集效率除与自身性质有关外,还与采样速度、颗粒物的大小等因素有关。低速采样,以扩散沉降为主,对细小颗粒物的采集效率高;高速采样,以惯性碰撞作用为主,对较大颗粒物的采集效率高。空气中的大小颗粒物是同时并存的,当采样速度一定时,就可能使一部分粒径小的颗粒物采集效率偏低。此外,在采样过程中,还可能发生颗粒物从滤料上弹回或吹走现象,特别是采样速度大的情况下,颗粒大、质量重粒子易发生弹回现象;颗粒小的粒子易穿过滤料被吹走,这些情况都是造成采集效率偏低的原因。

常用的滤料有纤维状滤料,如滤纸、玻璃纤维滤膜、过氯乙烯滤膜等;筛孔状滤料,如微孔滤膜、核孔滤膜、银薄膜等。

滤纸的孔隙不规则且较少,适用于金属尘粒的采集。因滤纸吸水性较强,不宜用于重量法测定颗粒物浓度。玻璃纤维滤膜吸湿性小,耐高温,耐腐蚀,通气阻力小,采集效率高,常用于采集悬浮颗粒物,但其机械强度差,某些元素含量较高。聚氯乙烯或聚苯乙烯等合成纤维膜通气阻力小,并可用有机溶剂溶解成透明溶液,便于进行颗粒物分散度及颗粒物中化学组分的分析。微孔滤膜是由硝酸(或醋酸)纤维素制成的多孔性薄膜,孔径细小、均匀,重量轻,金属杂质含量极微,溶于多种有机溶剂,尤其适用于采集分析金属的气溶胶。核孔滤膜是将聚碳酸酯薄膜覆盖在铀箔上,用中子流轰击,使铀核分裂产生的碎片穿过薄膜形成微孔,再经化学腐蚀处理制成。这种膜薄而光滑,机械强度好,孔径均匀,不亲水,适用于精密的重量分析,但因微孔呈圆柱状,采样效率较微孔滤膜低。银薄膜由微细的银粒烧结制成,具有与微孔滤膜相似的结构,它能耐 400℃ 高温,抗化学腐蚀性强,适用于采集酸、碱气溶胶及含煤焦油、沥青等挥发性有机物的气样。

**4. 低温冷凝法**

空气中某些沸点比较低的气态污染物质,如烯烃类、醛类等,在常温下用固体填充剂等方法富集效果不好,而低温冷凝法可提高采集效率。

低温冷凝采样法是将 U 形或蛇形采样管插入冷阱中,当空气流经采样管时,被测组分因冷凝而凝结在采样管底部。如用气相色谱法测定,可将采样管与仪器进气口连接,移去冷阱,在常温或加热情况下气化,进入仪器测定。

制冷的方法有半导体制冷器法和制冷剂法。常用制冷剂有冰(0℃)、冰-盐水(−10℃)、干冰-乙醇(−72℃)、干冰(−78.5℃)、液氧(−183℃)、液氮(−196℃)等。低温冷凝采样法具有效果好、采样量大、利于组分稳定等优点,但空气中的水蒸气、二氧化碳,甚至氧也会同时冷凝下来,在气化时,这些组分也会气化,增大了气体总体积,从而降低浓缩效果,甚至干扰测定。为此,应在采样管的进气端装置选择性过滤器(内装有氯酸镁、碱石棉、氯化钙等),以除去空气中的水蒸气和二氧化碳等。但所用干燥剂和净化剂不能与被测组分发生作用,以免引起被测组分损失。

**5. 自然积集法**

自然积集法是利用物质的自然重力、空气动力和浓差扩散作用采集空气中的被测物质,如自然降尘量、硫酸盐化速率、氟化物等空气样品的采集。采样不需动力设备,简单易行,且采样时间长,测定结果能较好地反映空气污染情况。如降尘试样的采集、硫酸盐化速率试样的采集。

## 第三节 废气污染源的监测

空气污染源包括固定污染源和流动污染源。固定污染源又分为有组织排放源和无组织排放源;有组织排放源指烟道、烟囱及排气筒等;无组织排放源指设在露天环境中的无组织排放设施或无组织排放的车间、工棚等,它们排放的废气中既含有固态的烟尘和粉尘,也含有气态和气溶胶态的多种有害物质。流动污染源指汽车、火车、飞机、轮船等交通运输工具排放的废气,含有一氧化碳、氮氧化物、碳氢化合物、烟尘等。

"在诸多的环境污染中,废气的防治显得尤为重要,一旦大气污染严重,势必会对经济社会的安全运行和人类生命健康造成巨大的威胁,在生态建设当中,就必须从监测开始有序推动各项工作。"[1]

---

[1] 李从建.环境污染源中废气监测的流程及质量控制[J].轻工科技,2021,37(12):94.

## 一、固定污染源的监测

### (一)固定污染源的监测要求

固定污染源的监测目的是检查排放的废气中有害物质的含量是否符合国家或地方的排放标准和总量控制标准;评价净化装置及污染防治设施的性能和运行情况,为空气质量评价和管理提供依据。

进行监测时,要求生产设备处于正常运转状态下,对因生产过程引起排放情况变化的污染源,应根据其变化特点和周期进行系统监测。

监测内容包括废气排放量、污染物质排放浓度及排放速率(质量流量,kg/h)。

在计算废气排放量和污染物质排放浓度时,都使用标准状况下的干气体体积。

### (二)固定污染源的采样点布设

采样位置是否正确,采样点数目是否适当,是决定能否获得代表性的废气样品和能否尽可能地节约人力、物力的很重要的工作,因此,应在调查研究的基础上,综合分析后确定。

**1. 固定污染源的采样位置**

固定污染源的采样位置应选在气流分布均匀稳定的平直管段上,避开弯头、变径管、三通管及阀门等易产生涡流的阻力构件。一般原则是按照废气流向,将采样断面设在阻力构件下游方向大于6倍管道直径处或上游方向大于3倍管道直径处。对于矩形烟道,其等效直径 $D = 2AB/(A+B)$,其中 $A$、$B$ 为断面边长。即使客观条件难以满足要求,采样断面与阻力构件的距离也不应小于管道直径的1.5倍,并适当增加采样点数目和采样频率。采样断面气流流速最好在5m/s以下。此外,由于水平管道中的气流流速与污染物的浓度分布不如垂直管道中均匀,所以应优先考虑垂直管道还要考虑方便、安全等因素。

**2. 固定污染源的采样点数目**

由于烟道内同一断面上各点的气流流速和烟尘浓度分布通常是不均匀的,所以必须按照一定原则进行多点采样,采样点的位置和数目主要根据烟道断面的形状、尺寸大小和流速分布情况确定。

(1)圆形烟道。在选定的采样断面上设两个相互垂直的采样孔,将烟道断面分成一定数量的同心等面积圆环,沿着两个采样孔中心线设四个采样点。若采样断面上气流流速较均匀,可设一个采样孔,采样点数减半。当烟道直径小于0.3m,且气流流速均匀时,可在烟道中心设一个采样点。不同直径圆形烟道的等面积圆环数、测量直径数及采样点数不同,原则上采样点应不超过20个。

(2)矩形烟道。将烟道断面分成一定数目的等面积矩形小块,各小块中心即为采样点位置,矩形小块的数目可根据烟道断面面积确定。

当水平烟道内积灰时,应从总断面面积中扣除积灰断面面积,按有效面积设置采样点。

在能满足测压管和采样管到达各采样点位置的情况下,尽可能地少开采样孔,一般开两个互成90℃的采样孔。采样孔内径应不小于80mm,采样孔管长应不大于50mm。对正压下输送的高温或有毒废气的烟道应采用带有闸板阀的密封采样孔。

### (三)固定污染源烟气参数的测定

**1.烟气温度的测定**

在采样孔或采样点的位置测定排气温度,一般情况下可在靠近烟道中心的一点测定。测定仪器如下:

水银玻璃温度计:精确度应不低于2.5%,最小分度值应不大于2℃。

热电偶或电阻温度计:示值误差不大于±3℃。

测定步骤:将温度测量单元插入烟道中测点处,封闭测孔,待温度计读数稳定后读数。使用玻璃温度计时,注意不可将温度计抽出烟道外读数。

**2.烟气含湿量的测定**

(1)干湿球法:烟气以一定的速度流经干、湿球温度计,根据干、湿球温度计的读数和测点处的烟气绝对压力来确定烟气的含湿量。

(2)冷凝法:抽取一定体积的烟气,使之通过冷凝器,根据冷凝出来的水量加上从冷凝器排出的饱和气体含有的水蒸气量来确定烟气的含湿量。

(3)重量法:从烟道中抽取一定体积的烟气,使之通过装有吸湿剂的吸湿管,烟气中的水汽被吸湿剂吸收,吸湿管的增重即为已知体积烟气中含有的水汽量。常用的吸湿剂有氯化钙、氧化钙、硅胶、氧化铝、五氧化二磷和过氯酸镁等。在选用吸湿剂时,应注意选择只吸收烟气中的水汽而不吸收其他气体的吸湿剂。

**3. 烟气中气体成分的测定**

烟气中一氧化碳、二氧化碳、氧气等气体成分可采用奥氏气体分析仪法和仪器分析方法测定。然而,奥氏气体分析仪适合测定含量较高的组分。当烟气成分含量较低时,可用仪器分析的方法测定。例如,可用电化学法、热磁式氧分析仪法或氧化锆分析仪法测定氧气;用红外线气体分析仪或热导式分析仪测定二氧化碳等。

**4. 烟气流速和流量的测定**

由于气体流速与气体动压的平方根成正比,所以根据测得某测点处的动压、静压及温度等参数计算气体的流速,进而根据管道截面积和测定出的烟气平均流速计算出烟气流量。

(1)测量仪器。

1)标准型皮托管。标准型皮托管是一个弯成 90°的双层同心圆管,前端呈半圆形,正前方有一个开孔,与内管相通,用来测定全压。在距前端 6 倍直径处外管壁上开有一圈孔径为 1mm 的小孔,通至后端的侧出口,用来测定排气静压。按照上述尺寸制作的皮托管的修正系数 $K_p$ 为 $0.99\pm0.01$。标准型皮托管的测孔很小,当烟道内颗粒物浓度大时易被堵塞,它适用于测量较清洁的排气。

2)S 形皮托管。S 形皮托管由两根相同的金属管并联组成。测量端有方向相反的两个开口,测量时,面向气流的开口测得的压力为全压,背向气流的开口测得的压力小于静压。此 S 形皮托管的修正系数 $K_p$ 为 $0.84\pm0.01$。制作尺寸与上述要求有差别的 S 形皮托管的修正系数需要进行校正,其正反方向的修正系数相差应不大于 0.01。S 形皮托管的测压孔开口较大,不易被颗粒物堵塞,且便于在厚壁烟道中使用。

3)其他仪器。

U 形压力计:用于测定排气的全压和静压,其最小分度值应不大于 10Pa。

斜管微压计:用于测定排气的动压,其精确度应不低于 2%,其最小分度值应不大于 2Pa。

大气压力计:最小分度值应不大于 0.1Pa。

流速测定仪:由皮托管、温度传感器、压力传感器、控制电路及显示屏组成,可以自动测定烟道断面各测点的排气温度、动压、静压及环境大气压,从而根据测得的参数自动计算出各点的流速。

(2)测定步骤。

1)准备工作:将微压计调整至水平位置,检查微压计液柱中有无气泡,然后分别检查微压计和皮托管是否漏气。

2)测量气流的动压,将微压计的液面调整至零点,在皮托管上标出各测点应该插入皮托管的位置,将皮托管插入采样孔。在各测点上,使皮托管的全压测孔正对着气流方向,其偏差不得超过100,测出各测点的动压,分别记录下来。重复测定一次,取平均值。测定完毕后,要注意检查微压计的液面是否回到原点。

3)测量排气的静压。使用S形皮托管时只用其一路测压管,其出口端用胶管与U形压力计一端相连,将S形皮托管插到烟道近中心处的测点,使其测量端开口平面平行于气流方向,所测得的压力即为静压。

4)测量排气温度,并使用大气压力计测量大气压力。

(3)计算。

1)烟气流速计算。测点气流速度$V_s$按下列公式计算:

$$V_s = K_p \times \sqrt{\frac{2P_d}{\rho_s}} = 128.9 K_p \times \sqrt{\frac{(273+t_a)P_d}{M_s(B_a+P_s)}} \tag{2-1}$$

烟道某一断面的平均流速$\bar{V}_s$可根据断面上各测点测出的流速$V_{si}$由下列公式计算:

$$\bar{V}_s = \frac{\sum_{i=1}^{n} V_{si}}{n} = 128.9 K_p \times \sqrt{\frac{273+t_s}{M_s(B_a+P_s)}} \times \frac{\sum_{i=1}^{n} \sqrt{P_{di}}}{n} \tag{2-2}$$

当干排气成分与空气近似时,排气的露点温度在35℃~55℃之间,排气的绝对压力在97~103kPa之间时,$V_s$和$\bar{V}_s$可以分别按下列公式进行计算:

$$V_s = 0.076 K_p \sqrt{273+t_a} \times \sqrt{P_d} \tag{2-3}$$

$$\bar{V}_s = 0.076 K_p \sqrt{273+t_s} \times \frac{\sum_{i=1}^{n} \sqrt{P_{di}}}{n} \tag{2-4}$$

对于接近常温常压条件下($t_a=20℃$,$B_a+P_s=101325Pa$),通风管道的空气流速和平均流速分别按下列公式进行计算:

$$V_a = 1.29 K_p \sqrt{P_d}$$

$$\bar{V}_a = 1.29 K_p \frac{\sum_{i=1}^{n} \sqrt{P_{di}}}{n} \tag{2-5}$$

式中：$V_s$——湿排气的气体流速，m/s；

$V_a$——常温常压下通风管道的空气流速，m/s；

$B_a$——大气压力，Pa；

$K_p$——皮托管修正系数；

$P_d$——烟气动压，Pa；

$P_s$——烟气静压，Pa；

$\rho_S$——湿排气的密度，kg/m³；

$M_s$——湿排气的摩尔质量，g/mol；

$t_s$——排气温度，℃；

$P_{di}$——某一测点的动压，Pa；

$n$——测点的数目。

2)烟气流量计算。烟气流量等于测点烟道横断面积乘以烟气平均流速，按下列公式计算：

$$Q_s = \bar{V}_s S \times 3600 \tag{2-6}$$

式中：$Q_s$——烟气流量，m³/h；

$S$——测定点烟道横断面积，m²。

标准状态下干烟气流量按公式计算：

$$Q_{snd} = Q_s \times (1 - X_{sw}) \frac{B_a + P_s}{101325} \times \frac{273}{273 + t_s} \tag{2-7}$$

式中：$Q_{snd}$——标准状态下干烟气的流量，m³/h；

$X_{sw}$——排气中水分的体积分数，%。

## 二、流动污染源的监测

汽车、火车、飞机、轮船等排放的废气主要是汽（柴）油燃烧后排出的尾气，特别是汽车，其数量大，排放的有害气体是造成空气污染的主要原因之一。废气中主要含有一氧化碳、氮氧化物、烃类（HC）、烟尘和少许二氧化硫、醛类、苯并[a]芘等有害物质。

### (一)汽油车排气中污染物的测定

汽车排气中污染物含量与其运转工况(怠速、加速、定速、减速)有关。因为怠速法试验工况简单,可使用已有的汽车排气污染物测试设备测定一氧化碳、二氧化碳、烃类和氧气,故应用广泛。

**1. 汽车怠速与高怠速工况的条件**

怠速工况指发动机无负载运转状态,即发动机运转,离合器处于接合位置,油门踏板与手油门处于松开位置,变速器处于空挡位置(对于自动变速箱的车应处于"停车"或"P"挡位);采用化油器的供油系统,其阻风门处于全开位置;油门踏板处于完全松开位置。

高怠速工况指满足上述(除最后一项)条件,用油门踏板将发动机转速稳定控制在 50% 额定转速或制造厂技术文件中规定的高怠速转速时的工况。

**2. 汽车双怠速法排气污染物的测定**

对于汽车双怠速法排气污染物的测定,目前可采用非色散红外吸收法(NDIR)测定一氧化碳、二氧化碳,烃类,采用电化学电池法测定氧气。

测定时,先将发动机由怠速工况加速至 70% 额定转速,并维持 30s 后降至高怠速工况,然后将取样探头插入排气管中,深度不少于 400mm,并固定在排气管上。维持 15s 后,由具有平均值计算功能的仪器在 30s 内读取平均值,或人工读取最高值和最低值,其平均值即为高怠速污染物测量结果。发动机从高怠速工况降至怠速工况 15s 后,在 30s 内读取平均值即为怠速污染物测量结果。

### (二)汽油车排气中氮氧化物的测定

在汽车尾气排气管处用取样管将废气引出(用采样泵),经冰浴(冷凝除水)、玻璃棉过滤器(除油、尘),抽取到 100mL 注射器中,然后将抽取的气样经三氧化锆-石英砂氧化管注入无水乙酸、对氨基苯磺酸、盐酸萘乙二胺吸收液显色,显色后用分光光度法测定,测定方法与空气中氮氧化物的测定方法相同。还可以用化学发光氮氧化物监测仪测定。

### (三)柴油车排气中烟度的测定

由汽车柴油机或柴油车排出的黑烟含多种颗粒物,其组分复杂,但主要是炭的聚合体(占85%以上),它往往吸附有二氧化硫及多环芳烃等有害物质。

柴油车排气烟度常用滤纸式烟度计测定,以波许烟度单位(Rb)或滤纸烟度单位(FSN)表示。

**1. 测定原理**

用一台活塞式抽气泵在规定的时间内从柴油车排气管中抽取一定体积的排气,让其通过一定面积的白色滤纸,则排气中的炭粒被阻留附着在滤纸上,将滤纸染黑,其烟度与滤纸被染黑的强度有关。用光电测量装置测量洁白滤纸和染黑滤纸对同强度入射光的反射光强度,依据下式确定排气的烟度(以波许烟度单位表示)。规定洁白滤纸的烟度为零,全黑滤纸的烟度为10。

$$S_F = 10 \times \left(1 - \frac{I}{I_0}\right) \qquad (2-8)$$

式中:$S_F$——排气烟度,Rb;

$I$——染黑滤纸的反射光强度;

$I_0$——洁白滤纸的反射光强度。

由于滤纸的质量会直接影响烟度的测定结果,所以要求滤纸洁白,纤维及微孔均匀,机械强度和通气性良好,以保证烟气中的炭粒能均匀分布在滤纸上,提高测定精度。

**2. 滤纸式烟度计**

滤纸式烟度计由取样探头、抽气装置及光电检测系统组成。当抽气泵活塞受脚踏开关的控制而上行时,排气管中的排气依次通过取样探头、取样软管及一定面积的滤纸被抽入抽气泵,排气中的黑烟被阻留在滤纸上,然后用步进电机(或手控)将已抽取黑烟的滤纸送到光电检测系统测量,由指示电表直接指示烟度值规程中要求按照一定时间间隔测量三次,取其平均值。

烟度计的光电检测系统的工作过程是:采集排气后的滤纸经光源照射,其中一部分被滤纸上的炭粒吸收,另一部分被滤纸反射至环形硒光电池,产生相应的光电流,送入测量仪表测量。指示电表刻度盘上已按烟度单位标明刻度。

使用烟度计时,应在取样前用压缩空气清扫取样管路,用烟度卡或其他方法标定刻度。

## 第四节 大气环境质量的监测

"大气环境监测主要是对大气环境当中的污染物浓度进行观察、分析，根据其变化和对环境的影响进行测定。"[①]大气中的有害物质是多种多样的，不同地区的污染类型和排放污染物种类不尽相同，因此，在进行大气质量评价时，应根据各地的实际情况确定需要监测的大气环境指标监测分析方法首先选择国家颁布的标准分析方法。环境空气质量监测的基本项目有PM10、PM2.5、二氧化硫、二氧化氮、一氧化碳和臭氧六种，其他监测项目有总悬浮颗粒物、氮氧化物、铅和苯并[a]芘四种。下面介绍一些常见的大气污染物检测方法。

### 一、颗粒物的测定

大气颗粒物是指悬浮在大气中的固态或液态颗粒物，根据其粒径大小，分为总悬浮颗粒物TSP(空气动力学当量直径小于或等于$100\mu m$)、可吸入颗粒物PM10(空气动力学当量直径小于或等于$10\mu m$)和细颗粒物PM2.5(空气动力学当量直径小于或等于$2.5\mu m$)。

近年来，随着我国社会经济的快速发展，多个地区接连出现以颗粒物(PM10和PM2.5)为特征污染物的灰霾天气，大气颗粒物已成为长期影响我国环境空气质量的首要污染物。一般可将颗粒物排放源分为固定燃烧源、生物质开放燃烧源、工业工艺过程源和移动源。颗粒物是大气污染物中数量最大、成分复杂、性质多样、危害较大的常规监测项目，它本身可以是有毒物质，还可以是其他有毒有害物质在大气中的运载体、催化剂或反应床。在某些情况下，颗粒物质与所吸附的气态或蒸气态物质结合，会产生比单个组分更大的协同毒性作用。因此，对颗粒物质的研究是控制大气污染的一个重要内容。

大气中颗粒物质的检测项目有可吸入颗粒物(PM10)、细颗粒物(PM2.5)和总悬浮颗粒物(TSP)等。

---

① 赵苑晨.提高大气环境监测质量的对策[J].化工设计通讯，2021,47(09):190.

### (一)PM10 和 PM2.5 的测定

测定 PM10 和 PM2.5 的手工监测方法主要为重量法,PM10 和 PM2.5 连续监测系统所配置监测仪器的测量方法一般为微量振荡天平法和 β 射线法。

**1. 重量法**

PM2.5 和 PM10 重量法的原理是:分别通过具有一定切割特性的采样器,以恒速抽取定量体积的空气,使环境空气中的 PM2.5 和 PM10 被截留在已知质量的滤膜上,根据采样前后滤膜的质量差和采样体积,计算出 PM2.5 和 PM10 的浓度。

PM2.5 或 PM10 采样器由采样入口、PM10 或 PM2.5 切割器、滤膜夹、连接杆、流量测量及控制装置、抽气泵等组成。采样器通过流量测量及控制装置控制抽气泵以恒定流量(工作点流量)抽取环境空气,环境空气样品以恒定的流量依次经过采样入口、PM10 或 PM2.5 切割器,颗粒物被捕集在滤膜上,气体经流量计、抽气泵由排气口排出。采样器实时测量流量计计前压力、计前温度、环境大气压、环境温度等参数对采样流量进行控制。

工作点流量是指采样器在工作环境条件下,采样流量保持定值,并能保证切割器切割特性的流量。对 PM10 或 PM2.5 采样器的工作点流量不做必须要求,一般大、中、小流量采样器的工作点流量分别为 $1.05\text{m}^3/\text{min}$、$100\text{L/min}$、$16.67\text{L/min}$。

PM10 切割器和采样系统的技术指标为:切割粒径 $D_{a50}=(10\pm0.5)\mu\text{m}$;捕集效率的几何标准差为 $\sigma_g=(1.5\pm0.1)\mu\text{m}$。PM2.5 切割器和采样系统的技术指标为:切割粒径 $D_{a50}=(2.5\pm0.2)\mu\text{m}$;捕集效率的几何标准差为 $\sigma_g=(1.2\pm0.1)\mu\text{m}$。$D_{a50}$ 表示 50% 切割粒径,指切割器对颗粒物的捕集效率为 50% 时所对应的粒子空气动力学当量直径。捕集效率的几何标准差表述为:捕集效率为 16% 时对应的粒子空气动力学当量直径,与捕集效率为 50% 时对应的粒子空气动力学当量直径的比值。

切割器应定期清洗,一般累计采样 168h 应清洗一次,如遇扬尘、沙尘暴等恶劣天气,应及时清洗。

**2. 连续自动监测法**

微量振荡天平法是在质量传感器内使用一个振荡空心锥形管,在其振荡端安装可更换的滤膜,振荡频率取决于锥形管的特征和质量。当采样气流通过滤膜,其中的颗粒物沉积在滤膜上,滤膜的质量变化导致振荡频率的变化,通过振荡频率变化计算出沉积在滤膜上颗粒物的质量,再根据流量、现场环境温度和气压计算出该时段PM10和PM2.5颗粒物的浓度。

**3. β射线法**

β射线法是利用β射线衰减的原理,环境空气由采样泵吸入采样管,经过滤膜后排出,颗粒物沉积在滤膜上,当β射线通过沉积着颗粒物的滤膜时,β射线的能量衰减,通过对衰减量的测定便可计算出PM10和PM2.5颗粒物的浓度。

**(二)总悬浮颗粒物的测定**

总悬浮颗粒物(TSP)可分为一次颗粒物和二次颗粒物。一次颗粒物是由天然污染源和人为污染源释放到大气中直接造成污染的物质,如风扬起的灰尘、燃烧和工业烟尘;二次颗粒物则是通过某些大气化学过程所产生的微粒,如二氧化硫转化生成硫酸盐。具有切割特性的采样器以恒速抽取定量体积的空气,空气中悬浮颗粒物被截留在已恒重的滤膜上。根据采样前、后滤膜质量之差及采样体积,计算总悬浮颗粒物的浓度,其计算公式为:

$$\text{TSP 含量}(\mu g/m^3) = \frac{KW}{Q_N t} \tag{2-9}$$

式中:$W$ —— 截留在滤膜上的悬浮颗粒物总质量,mg;

$t$ —— 累计采样时间,min;

$Q_N$ —— 采样器平均抽气流量,$m^3/min$;

$K$ —— 常数,大流量采样器 $K = 1 \times 10^6$,中流量采样器 $K = 1 \times 10^9$。

这种总悬浮颗粒物的测定方法适用于大流量或中流量总悬浮颗粒物采样器(简称采样器)进行空气中总悬浮颗粒物的测定,但不适用于总悬浮颗粒物含量过高或雾天采样使滤膜阻力大于10kPa时情况。该方法的检测下限为0.001mg/m³。当对滤膜经选择性预处理后,可进行相关组分分析。

当两台悬浮颗粒物采样器安放位置相距不大于4m、不少于2m时,同样采样测定总悬浮颗粒物的含量,相对偏差不大于15%。

## 二、气态污染物的测定

大气中的含硫污染物主要有硫化氢、二氧化硫、三氧化硫、硫化碳、硫酸和各种硫酸盐,主要来源于煤和石油燃料的燃烧、含硫矿石的冶炼、硫酸等化工产品生产排放的废气。

### (一)二氧化硫的测定

二氧化硫($SO_2$)是主要空气污染物之一,为例行监测的必测项目。它来源于煤和石油等燃料的燃烧、含硫矿石的冶炼、硫酸等化工产品生产排放的废气,二氧化硫是一种无色、易溶于水、有刺激性气味的气体,能通过呼吸进入气管,对局部组织产生刺激和腐蚀作用,是诱发支气管炎等疾病的原因之一,特别是当它与烟尘等气溶胶共存时,可加重对呼吸道黏膜的损害。

测定空气中二氧化硫常用的方法有分光光度法、紫外荧光光谱法、电导法、库仑滴定法和气相色谱法。其中,紫外荧光光谱法和电导法主要用于自动监测。

### (二)氮氧化物的测定

空气中的氮氧化物以一氧化氮、二氧化氮、三氧化二氮、四氧化二氮、五氧化二氮等多种形态存在,其中一氧化氮和二氧化氮是主要存在形态,为通常所指的氮氧化物($NO_x$)。它们主要来源于化石燃料高温燃烧和硝酸、化肥等生产工业排放的废气,以及汽车尾气。一氧化氮为无色、无臭、微溶于水的气体,在空气中易被氧化成二氧化氮,二氧化氮为红棕色具有强烈刺激性气味的气体,毒性比一氧化氮高4倍,是引起支气管炎、肺损伤等疾病的有害物质。

测定空气中一氧化氮、二氧化氮常用的方法有盐酸萘乙二胺分光光度法、化学发光分析法及原电池库仑滴定法。

### (三)一氧化碳的测定

一氧化碳(CO)是空气中的主要污染物之一,它主要来自石油、煤炭燃烧不充分的产物和汽车尾气;一些自然现象如火山爆发、森林火灾等也是来源之一。一氧化氮是一种无色、无臭的有毒气体,燃烧时呈淡蓝色火焰。它容易与人体血液中的血红蛋白结合,形成碳氧血红蛋白,使血液输送氧的能力降低,造成缺氧症。中毒较轻时,会出现头痛、疲倦、恶心、头晕等感觉;中毒严重时,则会发生心悸、昏迷、窒息甚至造成死亡。

测定空气中一氧化氮常用的方法有非色散红外吸收法、气相色谱法、定电位电解法、汞置换法等。其中,非色散红外吸收法常用于自动监测。

### (四)臭氧的测定

臭氧($O_3$)是最强的氧化剂之一,它是空气中的氧在太阳紫外线的照射下或在闪电的作用下形成的。臭氧具有强烈的刺激性,在紫外线的作用下,参与烃类和氮氧化物的光化学反应。同时,臭氧又是高空大气的正常组分,能强烈吸收紫外线,保护人和其他生物免受太阳紫外线的辐射。但是,臭氧超过一定浓度,对人体和某些植物生长会产生一定危害。近地面空气中可测到 $0.04\sim0.1\text{mg/m}^3$ 的臭氧。

测定空气中臭氧常用的方法有硼酸碘化钾分光光度法、靛蓝二磺酸钠分光光度法、化学发光分析法和紫外吸收法。其中,化学发光分析法和紫外吸收法多用于自动监测。

### (五)氟化物的测定

空气中的气态氟化物主要是氟化氢,也可能有少量氟化硅($SiF_4$)和氟化碳($CF_4$)。含氟粉尘主要是冰晶石($Na_3AlF_6$)、萤石($CaF_2$)、氟化铝($AlF_3$)、氟化钠(NaF)及磷灰石$[3Ca_3(PO_4)_2\cdot CaF_2]$等。氟化物污染主要来源于铝厂、冰晶石和磷肥厂、用硫酸处理萤石及制造和使用氟化物、氢氟酸等部门排放或逸散的气体和粉尘。氟化物属高毒类物质,由呼吸道进入人体,刺激黏膜、引起中毒等症状,并能影响各组织和器官的正常生理功能。由于氟化物对植物的生长也会产生危害,因此,人们已利用某些敏感植物监测空气中的氟化物。

测定空气中氟化物常用的方法有分光光度法、离子选择电极法等。离子选择电极法具有简便、准确、灵敏和选择性好等优点,是目前广泛采用的方法。

### (六)其他污染物质的测定

空气中气态和蒸气态污染物质是多种多样的,由于不同地区排放污染物质的种类不尽相同,评价环境空气质量时,往往还需要测定其他污染组分,下面介绍四种有机污染物的测定。

**1. 苯系物的测定**

苯系物包括苯、甲苯、乙苯、邻二甲苯、对二甲苯、间二甲苯等,可经富集采样、解吸,用气相色谱法测定。常用活性炭吸附或低温冷凝法采样,二硫化碳洗脱或热解吸后进样,经 PEG-6000 柱分离,用火焰离子化检测器检测。根据保留时间定性,根据峰高(或峰面积)利用标准曲线法定量。

**2. 挥发酚的测定**

常用气相色谱法或 4-氨基安替比林分光光度法测定空气中的挥发酚(苯酚、甲酚、二甲酚等)。

气相色谱法测定挥发酚用 GDX-502 采样管吸附采样,三氯甲烷解吸后进样,经液晶 PBOB 色谱柱分离,用火焰离子化检测器检测,根据保留时间定性,根据峰高(或峰面积)利用标准曲线法定量。

4-氨基安替比林分光光度法用装有碱性溶液的吸收瓶采样,经水蒸气蒸馏除去干扰物,储出液中的酚在铁氰化钾存在条件下,与 4-氨基安替比林反应,生成红色的安替比林染料,于 460mm 处测其吸光度,以标准曲线法定量。当酚浓度低时,可用三氯甲烷萃取安替比林染料后测定。

**3. 敌百虫的测定**

敌百虫的化学名称为 O,O′-二甲基-(2,2,2-三氯-1-羟基乙基)磷酸酯,是一种低毒有机磷杀虫剂,常用硫氰酸汞分光光度法测定。

硫氰酸汞分光光度法测定原理为:用内装乙醇溶液的多孔筛板吸收管采样,在采样后的吸收液中加入碱溶液,使敌百虫水解,游离出氯离子,再在高氯酸、高氯酸铁和硫氰酸汞存在的条件下,使氯离子与硫氰酸汞反应,置换出硫氰酸根离子,并与铁离子生成橙红色的硫氰酸铁,于 470nm 处用分光光度法间接测定敌百虫浓度。空气中的氯化氢、颗粒物中的氯化物及水解后生成氯离子的其他有机氯化合物干扰测定,可另测定在中性水溶液中不经水解的样品中氯离子的含量,再从水解样品测得的总氯离子含量中扣除。

**4. 二噁英类的测定**

二噁英类是多氯代二苯并对二噁英(PCDDs)和多氯代二苯并呋喃(PCDFs)的统称,共有 210 种同类物。二噁英类是一类非常稳定的亲脂性化合物,其分解温度大于 700℃,极难溶于水,可溶于大部分有机溶剂,因此二噁英类容易在生物体内积累。作为环境内分泌干扰物,二噁英类不仅可以引起免疫系统损伤和生殖障碍,还被认为具有很强的致癌性。

二噁英类的测定是利用滤膜和吸附材料对环境空气或废气中的二噁英类进行采样,采集的样品加入 $^{13}C$ 标记或 $^{37}Cl$ 标记化合物作为内标物,分别对滤膜和吸附材料进行处理得到样品提取液,再经过净化和浓缩转化为最终分析样品溶液,用高分辨气相色谱-高分辨质谱(HRGC-HRMS)法进行定性和定量分析。

## 三、环境空气颗粒物中铅的测定

大气中铅的来源有天然因素和非天然因素。天然因素包括地壳侵蚀、火山爆发、海啸等将地壳中的铅释放到大气中;非天然因素主要指来自工业、交通方面的铅排放。非自然性排放是铅污染的主要来源,并以含铅汽油燃烧的排铅量为最高,是全球环境铅污染的主要因素。

大气中的铅大部分颗粒直径为 $0.5\mu m$ 或更小,因此可以长时间地飘浮在空气中。如果接触高浓度的含铅气体,就会引起严重的急性中毒症状,但这种状况比较少见。常见的是长期吸入低浓度的含铅气体,引起慢性中毒症状,如头昏、头痛、全身无力、失眠、记忆力减退等神经系统综合征。铅还有高度的潜在致癌性,其潜伏期长达 20~30 年。

测定大气颗粒物中铅的方法有火焰原子吸收分光光度法、石墨炉原子吸收分光光度法和电感耦合等离子体质谱法。

(1)火焰原子吸收分光光度法。火焰原子吸收分光光度法测定铅的原理是:用玻璃纤维滤膜采集的试样,经硝酸-过氧化氢溶液浸出制备成试样溶液,并直接吸入空气-乙炔火焰中原子化,在 283.3nm 处测量基态原子对空心阴极灯特征辐射的吸收。在一定条件下,吸光度与待测样中的 Pb 浓度成正比,根据标准工作曲线进行定量。

当采样体积为 $50m^3$ 进行测定时,最低检出浓度为 $5×10^{-4} mg/m^3$。

(2)石墨炉原子吸收分光光度法。石墨炉原子吸收分光光度法的原理是:用乙酸纤维或过氧乙烯等滤膜采集环境空气中的颗粒物样品,经消解后制备成试样溶液,用石墨炉原子吸收分光光度计测定试样中铅的浓度。该方法检出限为 $0.05\mu g/50mL$ 试样溶液。

(3)电感耦合等离子体质谱法。电感耦合等离子体质谱法(ICP-MS)适用于环境空气 PM2.5、PM10、TSP 以及无组织排放和污染源废气颗粒物中铅等多种金属元素的测定。电感耦合等离子体质谱法的原理是:使用滤膜采集环境空气中的颗粒物,使用滤筒采集污染源废气中的颗粒物,采集的样品经预处理(微波消解或电热板消解)后,利用电感耦合等离子体质谱仪测定各金属元素的含量。

当空气采样量为 $150m^3$(标准状态),污染源废气采样量为 $0.600m^3$(标准状态干烟气)时,方法检出限分别为 $0.6 ng/m^3$ 和 $0.2 \mu g/m^3$。

## 四、大气中苯并[a]芘的测定

大气中的苯并[a]芘主要来自热电工业、工业过程炼焦及催化裂解、废物和开放性燃烧、各类车辆释放的尾气、烹调的油烟等。二苯并[a]芘是环境中普遍存在的一种强致癌物质。

测定空气颗粒物中的苯并[a]芘要经过提取、分离和测定等步骤。测定苯并[a]芘的主要方法有乙酰化滤纸层析-荧光分光光度法、高压液相色谱法、紫外分光光度法等。由于高压液相色谱法可分离分析沸点高、热稳定性差、相对分子质量大于 400 的有机化合物,并具有分离效果好、灵敏度高、测定速度快等特点,是较为普遍采用的测定大气中苯并[a]芘的方法。

(1)液相色谱法。液相色谱法的基本原理:将采集在玻璃纤维滤膜上的颗粒物中的苯并[a]芘及一切有机溶剂可溶物用环己烷在水浴上以索氏提取器连续加热提取提取液注入高效液相色谱,通过色谱柱的苯并[a]芘与其他化合物分离,然后用荧光检测器对其进行定量测定。

液相色谱法用大流量采样器(流量为 $1.13 m^3 \times min$)连续采集 24h,乙腈/水作流动相,最低检出浓度为 $6 \times 10^{-5} \mu g/m^3$;甲醇/水作流动相,最低检出浓度为 $1.8 \times 10^{-4} \mu g/m^3$。

(2)乙酰化滤纸层析-荧光分光光度法。方法基本原理:苯并[a]芘易溶于咖啡因水溶液、环己烷、苯等有机溶剂中。将采集在玻璃纤维滤膜上的颗粒物的苯并[a]芘及一切有机溶剂可溶物,用环己烷在水浴上以索氏提取器连续加热提取后进行浓缩,并用乙酰化滤纸层析分离。苯并[a]芘斑点用丙酮洗脱后,用荧光分光光度法定量测定,测定发射波长为 402nm、405nm 和 408nm 的荧光强度。用窄基线法计算出标准苯并[a]芘和样品中苯并[a]芘的相对荧光强度 F,再由下式计算出空气颗粒物中苯并[a]芘的含量:

$$F = \frac{F_{402nm} + F_{408nm}}{2}$$
$$c = \frac{F}{F_S} \times W_s \times \frac{K}{V_n} \times 100$$

(2-10)

式中: $F$ ——样品洗脱液相对荧光强度;

$F_S$ ——标准苯并[a]芘洗脱液相对荧光强度;

$c$ ——环境空气可吸入颗粒物中苯并[a]芘的浓度,$\mu g/100m^3$;

$V_n$ ——标准状态下的采样体积,$m^3$;

$W_s$ ——标准苯并[a]芘的点样量,$\mu g$;

$K$ ——环己烷提取液总体积与浓缩时所取的环己烷提取液的体积比。

乙酰化滤纸层析-荧光分光光度法的检测下限为 $0.001\mu g/5mL$;当采样体积为 $40m^3$ 时,最低检出浓度为 $0.002\mu g/100m^3$。

# 第三章 土壤环境监测

## 第一节 土壤环境的基础知识

### 一、土壤的概念

"土壤"一词在世界上任何民族的语言中均可以找到,但不同学科的科学家对什么是土壤却有着各自的观点和认识。如何给出一个科学而全面的有关土壤的定义,需要依赖于对土壤组成、功能与特性有较为全面的理解,主要包括以下内容:

(1)土壤是由母质经过长时间的成土作用而形成的三维自然体;是考古学和古生态学信息库;是自然史(博物学)文库;是基因库的载体。因此,土壤对理解人类和地球的历史至关重要。

(2)土壤是含有植物生长所必需的营养元素、水分等适宜条件,是农业、园艺和林业等生产的基础;是建筑物和道路的基础和工程材料。

(3)土壤是生物多样性最丰富,能量交换和物质循环最活跃的地球表层;是植物、动物和人类的生命基础。

(4)土壤是具有吸附、分散、中和和降解环境污染物功能的环境舱;只要土壤具有足够的净化能力,地下水、食物链和生物多样性就不会受到威胁。

(5)土壤是地球表面由矿物颗粒、有机质、水、气体和生物组成的疏松而不均匀的聚集层,它是一个开放系统,是自然环境要素的中心环节。作为生态系统的组成部分,可以调控物质和能量循环。

基于上述认识,考虑到土壤抽象的历史定位(历史自然体)、具体的物质描述(疏松而不均匀的聚集层)以及代表性的功能表征(生产力、生命力、环境净化力),可将土壤定义为:土壤是历史自然体,是位于地球陆地表面和浅水域底部具有生命力、生产力的疏松而不均匀的聚集层,是地球系统的组成部分和调控环境质量的中心要素。这是一个相对来说比较综合性的定义，较为充分地反映了土壤的本质和特征。

## 二、土壤的组成

土壤是地球表层的岩石经过生物圈、大气圈和水圈长期的综合影响演变而成的。由于各种成土因素，诸如母岩、生物、气候、地形、时间和人类生产活动等综合作用的不同，形成了多种类型的土壤。

土壤是由固、液、气三相物质构成的复杂体系。土壤固相包括矿物质、有机质和生物。在固相物质之间为形状和大小不同的孔隙，孔隙中存在水分和空气。

### （一）土壤矿物质

土壤矿物质是岩石经物理风化和化学风化作用形成的，占土壤固相部分总重量的90％以上，是土壤的骨骼和植物营养元素的重要供给源，按其成因可分为原生矿物质和次生矿物质两类。

原生矿物质是岩石经过物理风化作用被破碎形成的碎屑，其原来的化学组成没有改变。这类矿物质主要有硅酸盐类矿物、氧化物类矿物、硫化物类矿物和磷酸盐类矿物。

次生矿物质是原生矿物质经过化学风化后形成的新矿物，其化学组成和晶体结构均有所改变。这类矿物质包括简单盐类（如碳酸盐、硫酸盐、氯化物等）、三氧化物类和次生铝硅酸盐类。次生铝硅酸盐类是构成土壤黏粒的主要成分，故又称为黏土矿物，土壤中许多重要的物理、化学性质和物理、化学过程都与所含黏土矿物质的种类和数量有关。

土壤矿物质所含主体元素是氧、硅、铝、铁、钙、钠、钾、镁等，约占96％，其他元素含量多在0.1％以下，甚至低于十亿分之几，称为微量、痕量元素。

土壤是由不同粒级的土壤颗粒组成的。土壤的机械组成又称为土壤的质地，是指土壤中各种不同大小颗粒（砾、砂、粉砂、黏粒）的相对含量。土壤矿物质颗粒的形状和大小多种多样，其粒径从几微米到几厘米，差别很大。不同粒径的矿物质颗粒的成分和物理化学性质有很大差异，如对污染物的吸附、解吸和迁移、转化能力，有效含水量及保水保温能力等。为了研究方便，常按粒径大小将土粒分为若干类，称为粒级；同级土粒的成分和性质基本一致。

自然界中任何一种土壤,都是由粒径不同的土粒按不同的比例组合而成的,按照土壤中各粒级土粒含量的相对比例或质量分数分类,称为土壤质地分类。

### (二)土壤有机质

土壤有机质是土壤中含碳有机化合物的总称,由进入土壤的植物、动物、微生物残体及施入土壤的有机肥料经分解转化逐渐形成,是土壤的重要成分之一,也是土壤形成的标志,通常可分为非腐殖物质和腐殖物质两类。

非腐殖物质包括糖类化合物(如淀粉、纤维素等)、含氮有机合物及有机磷和有机硫化合物,一般占土壤有机质总量的 10%～15%。

腐殖物质是植物残体中稳定性较大的木质素及其类似物,在微生物作用下,部分被氧化形成的一类特殊的高分子聚合物,具有芳环结构,苯环周围连有多种官能团,如羧基、羟基、甲氧基及氨基等,使之具有表面吸附、离子交换、络合、缓冲、氧化还原作用及生理活性等性能。土壤有机质一般占土壤固相物质总质量的 5%左右,对于土壤的物理、化学和生物学性状有较大的影响。

### (三)土壤生物

土壤中生活着微生物(细菌、真菌、放线菌、藻类等)及动物(原生动物、蚯蚓、线虫类等),它们不但是土壤有机质的重要来源,更重要的是对进入土壤的有机污染物的降解及无机污染物(如重金属)的形态转化起着主导作用,是土壤净化功能的主要贡献者和土壤质量的灵敏指示剂。

### (四)土壤溶液

土壤溶液是土壤水分及其所含溶质的总称,其中溶质包括可溶无机盐、可溶有机物、无机胶体及可溶性气体等。土壤溶液既是植物和土壤生物的营养来源,又是土壤中各种物理、化学反应和微生物作用的介质,是影响土壤性质及污染物迁移、转化的重要因素。

土壤溶液中的水来源于大气降水、降雪、地表径流和农田灌溉,若地下水位接近地表面,也是土壤溶液中水的来源之一。

### (五)土壤空气

土壤空气存在于未被水分占据的土壤孔隙中,来源于大气、生物化学反应和化学反应产生的气体(如甲烷、硫化氢、氢气、氮氧化物、二氧化碳等)。土壤空气组成与土壤本身特性相关,也与季节、土壤水分、土壤深度等条件相关,如在排水良好的土壤中,土壤空气主要来源于大气,其组分与大气基本相同,以氮、氧和二氧化碳为主;而在排水不良的土壤中氧含量下降,二氧化碳含量增加。土壤空气含氧量比大气少,而二氧化碳含量高于大气。

### 三、土壤的性质

#### (一)吸附性

土壤的吸附性能与土壤中存在的胶体物质密切相关。土壤胶体包括无机胶体(如黏土矿物和铁、铝、硅等水合氧化物)、有机胶体(主要是腐殖质及少量的生物活动产生的有机物)、有机-无机复合胶体。

由于土壤胶体具有巨大的比表面积,胶粒表面带有电荷,分散在水中时界面上产生双电层,使其对有机污染物(如有机磷和有机氯农药等)和无机污染物(如 $Hg^{2+}$、$Pb^{2+}$、$Cu^{2+}$、$Cd^{2+}$ 等重金属离子)有极强的吸附能力。

#### (二)酸碱性

土壤的酸碱性是土壤的重要理化性质之一,是土壤在形成过程中受生物、气候、地质、水文等因素综合作用的结果,对植物生长和土壤肥力及土壤污染物的迁移转化都有重要的影响。

中国土壤的 pH 值大多在 4.5~8.5 范围内,并呈东南酸西北碱的规律。

根据土壤中氢离子存在的形式,土壤酸度分为活性酸度和潜性酸度两类。活性酸度是指土壤溶液中游离氢离子浓度反映的酸度,又称有效酸度,通常用 pH 值表示。潜性酸度是指土壤胶体吸附的可交换氢离子和铝离子经离子交换作用后所产生的酸度。如土壤中施入中性钾肥(KCl)后,溶液中的钾离子与土壤胶体上的氢离子和铝离子发生交换反应,产生盐酸和三氯化铝。土壤潜性酸度常用 100g 烘干土中氢离子的摩尔数表示。

土壤碱性主要来自土壤中钙、镁、钠、钾的重碳酸盐、碳酸盐及土壤胶体上交换性钠离子的水解作用。

#### (三)氧化-还原性

土壤中存在着多种氧化性和还原性无机物质及有机物质,使其具有氧化性和还原性。土壤中的游离氧和高价金属离子、硝酸根等是主要的氧化剂;土壤有机质及其在厌氧条件下形成的分解产物和低价金属离子是主要的还原剂。土壤环境的氧化作用或还原作用通过发生氧化反应或还原反应反映出来,故可以用氧化还原电位($E_h$)来衡量。通常当 $E_h$>300mV 时,氧化体系起主导作用,土壤处于氧化状态;当 $E_h$<300mV 时,还原体系起主导作用,土壤处于还原状态。

## 四、土壤的污染

由于人为原因和自然原因,各类污染物质通过多种渠道进入土壤环境。土壤污染不仅使其肥力下降,还可能构成二次污染源,污染水体、大气、生物,进而通过食物链危害人体健康。

### (一)土壤污染的来源

土壤污染源可分为天然污染源和人为污染源。天然污染源来自矿物风化后自然扩散、火山爆发后降落的火山灰以及由于气象因素或者地质灾害所引起的土壤污染。人为污染源是土壤污染的主要污染源,包括不合理地使用农药、化肥,污水灌溉,使用不符合标准的污泥,城市垃圾及工业废弃物,固体废物随意堆放或填埋,以及大气沉降物等,而且大型水利工程、截流改道和破坏植被也可造成土壤污染。

### (二)土壤污染的种类

土壤中污染物种类多,一般可分为有机物、无机物、土壤生物和放射性污染物质,其中以化学污染物最为普遍和严重。化学污染物如重金属、硫化物、氟化物、农药等。生物类污染物主要是病原微生物,放射性污染物主要是 $^{90}$锶、$^{137}$铯等。

### (三)土壤污染的特点

(1)土壤污染比较隐蔽,从开始污染到发现污染导致的后果,有一段很长的间接、逐步、积累的隐蔽过程。

(2)土壤一旦被污染后就很难恢复,有时被迫改变用途或者放弃使用,严重的污染还会通过食物链危害动物和人体,甚至使人畜失去赖以生存的基础。所以在土壤环境污染研究中,不但要研究污染物的总量,还必须研究污染物的形态和价态,以利于更好地阐明污染物在环境中的迁移转化规律,预测环境质量变化的趋势,也有助于制定环境标准和制定改造已被污染的土壤的治理措施。

(3)污染后果严重,严重的污染通过食物链危害人类和动植物。

(4)土壤污染的判定比较复杂。土壤污染物的性质与其存在的价态、形态、浓度、化学性质及其存在的环境条件等密切相关。地球表面上的每一特定区域都有它特有的地球化学性质,所以在进行判定时一定要依据当地的实际情况进行考虑,其中应将土壤本底值纳入考虑的范围内。

## 五、土壤背景值

土壤背景值又称土壤本底值,它是指在未受人类社会行为干扰(污染)和破坏时土壤成分的组成和各组分(元素)的含量。当今,由于人类活动的长期影响和工农业的高速发展,使土壤环境的化学成分和含量水平发生了明显的变化,要想寻找绝对未受污染的土壤环境是十分困难的,因此,环境背景值实际上是一个相对的概念。不同自然条件下发育的不同土类或同一种土类发育于不同的母质母岩区,其土壤环境背景值也有明显差异;就是同一地点采集的样品,分析结果也不可能完全相同,因此土壤环境背景值也是统计性的。

土壤元素背景值是环境保护和环境科学的基础数据,是研究污染物在土壤中变迁和进行土壤质量评价与预测的重要依据。一般判断土壤污染的程度,是将土壤中有关元素的测定值与土壤背景值相比较。土壤背景值在实际应用中有两种概念:一是指一个国家或一个地区土壤中某元素的平均含量。将污染区某元素含量与之相比,若超过该值,即为污染,超过越多,污染越重。二是按土壤类型考虑,规定未被污染的某一类型土壤中某元素的平均含量为背景值。将受污染的同一类型土壤中某元素的平均含量与之相比,即可得知该土壤受污染的程度。

## 第二节　土壤环境的监测方案制订

"土壤环境状况不仅直接影响到国民经济发展和国土资源环境安全,而且直接关系到农产品安全和人体健康。"[①]制定土壤环境质量监测方案要根据监测目的进行调查研究,收集相关资料,在综合分析的基础上合理布设采样点,确定监测项目和采样方法,选择监测方法,建立质量保证程序和措施,提出监测数据处理要求,并安排实施计划。

## 一、土壤环境监测的目的

(1)土壤质量现状监测。监测土壤质量目的是判断土壤是否被污染及污染状况,并预测其发展变化趋势。

(2)土壤污染事故监测。污染物对土壤造成污染,或者使土壤结构与性质发生了明显变化,或者对作物造成了伤害,因此需要调查分析主要污染物,确定污染的来源、范围和程度,为行政主管部门采取对策提供科学依据。

(3)污染物土地处理的动态监测。在土地利用和处理过程中,许多无机和有机污染物质被带入土壤,其中有的污染物质残留在土壤中,并不断地积累,需要对其进行定点长期动态监测,既能充分利用土地的净化能力,又能防止土壤污染,保护土壤生态环境。

(4)土壤背景值调查。通过分析测定土壤中某些元素的含量,确定这些元素的背景值水平和变化情况,了解元素的丰缺和供应状况,为保护土壤生态环境、合理施用微量元素及地方病因的探讨与防治提供依据。

## 二、土壤环境监测的资料

土壤环境监测的资料包括自然环境和社会环境方面的资料。

### (一)自然环境

自然环境方面的资料包括:土壤类型、植被、区域土壤元素背景值、土地利用、水土流失、自然灾害、水系、地下水、地质、地形地貌、气象等,以及相应的图件(如土壤类型图、地质图、植被图等)。

下面以西藏地区为例,介绍一下当地的自然环境,内容包括土壤类型、面积与分布。

---

① 陆泗进,王业耀,夏新,等.土壤环境监测基础点位布设思路与方法[J].中国环境监测,2018,34(03):93.

西藏是青藏高原的主体，拥有众多的自然生态环境和复杂多样的成土母质及成土过程，因而形成了各种土壤类型。它既有我国绝大部分山地森林土壤类型，也有我国乃至世界分布最集中、面积最大、类型最多的高山土壤类型。

**1. 西藏地区自然土壤**

自然土壤是没有人类活动的干预，在漫长的历史长河中经过千百万年物理、化学、生物、气候因素的共同作用，逐步演变而来的各种类型土壤。西藏土壤分为高山土纲、半淋溶土纲、淋溶土纲、铁铝土纲、半水成土纲、水成土纲、盐碱土纲、人为土纲、初育土纲等9个土纲。各土纲又细分为28个土类，67个亚类，362个土属，2236个土种。在不同的土类中，以高山草原土、高山草甸土、高山寒漠土、亚高山草甸土面积为最大，依次为74375.3万亩、28095.38万亩、21272.92万亩、14198.03万亩。4个土类的面积共计137941.63万亩，占全区总土壤类型面积(不含水域居民点)79.87%。土类面积最小的是灌淤土和水稻土，分别只有1.3万亩和2.2万亩。西藏土壤的分布，既有水平地带性的特点，又有垂直地带性的特点，而且两者紧密结合，形成高原土壤分布的特殊表现形式，现分别简述如下：

(1)土壤的水平地带分布。西藏地域辽阔，横跨东经近20个经度，北纬10个纬度。土壤的水平分布既受经、纬度的影响，又受地势高度和距海远近的影响。从藏东南的察隅河谷到西部的阿里高原，降水由多到少，温度由高到低，气候带由湿润、半湿润向半干旱、干旱过渡，依次分布着砖红壤、黄壤、黄棕壤地带-褐土、棕壤地带-山地灌丛草原土地带-亚高山草甸土、亚高山草原土地带-高山草原土、高山草甸土地带-高山寒漠土地带。

喜马拉雅山南侧的察隅、墨脱、陈塘、樟木等，基带土壤是黄壤、黄棕壤，建谱土类为棕壤、暗棕壤，高山上部出现亚高山草甸土。横断山脉地区及林芝大部分地区，河流切割剧烈，山高谷深，河谷海拔多在2500m以上，来自印度洋的暖湿气流开始减弱，其基带土类多为针阔叶混交林下发育的棕壤，建谱土类为暗棕壤，高山上部分布着亚高山草甸土、亚高山草原土、高山寒漠土。在昌都、丁青、边巴等县的高原山地内，因海拔升高，基带土壤则为暗棕壤，其上为亚高山草甸土或高山草甸土。在"三江"流域的谷地，气候干热形成褐土、灰褐土，构成特殊的基带土壤类型。阿里、那曲、日喀则西部的高原面上，气候极端干旱，已无森林分布，只有耐干旱的红柳林，土壤带谱结构简单，全部为高山土壤类型。

(2)土壤的垂直地带分布。随着海拔高度的变化,水热条件和土壤带谱也发生相应变化。藏东南河流深切,山地与河谷高低悬殊,土壤带谱类型多达5~8个。藏西北地区处于高原面上,山地与河谷高差小,土壤带谱比较单纯,一般只有2~5个土壤类型。由于山地分别处于热带、亚热带、温带、寒带不同的气候带中,温度条件不同,湿润程度也不同,土壤垂直带谱类型与结构也不同。根据这些差别,西藏可分为季风性(湿润、半湿润)与大陆性(半干旱、干旱)两类不同的土壤垂直带谱系统。

1)季风性带谱系统。季风性带谱系统主要分布在藏东南及喜马拉雅山南侧地区,它又细分为热带湿润、亚热带湿润、温带半湿润和亚寒带半湿润四种结构类型。在该系统中,森林土壤和高寒的草甸土类是垂直带谱的主要构成,特别是热带、亚热带湿润型带谱结构中,灰化暗棕壤分布较广,同时亚高山林灌草甸土和亚高山灌丛草甸土的发育与分布都甚于高山草甸土,高山寒漠土分布高度也较低。这充分说明这类带谱所在的山地水热条件比较丰裕。

2)大陆性带谱系统。大陆性带谱系统分布在西藏全境的绝大部分地区,以高寒草原土类和漠土类为主,没有森林土壤,高寒草甸土类的发育也受限制,而高山寒漠土的分布更广,上限也更高,充分反映了成土条件高寒干燥的特征。大陆性带谱系统又细分为:①温带半干旱型,分布在"一江两河"地区,河谷基带土壤为山地灌丛草原土,上接亚高山草原土、亚高山草甸土、高山草甸土、寒漠土等;②温带干旱型,分布在阿里南部山地,基带土壤为亚高山漠土,上接亚高山草原土、高山草原土及高山寒漠土;③亚寒带半干旱型,分布在藏北高原面上,基带土壤为高山草原土,除南部与东南部稍湿润的山地接高山草甸土外,大多数接高山寒漠土;④寒带干旱型,分布在西藏西北高原上,它以高山漠土为基带,上接高山荒漠草原土、高山寒漠土。

**2. 西藏地区耕地土壤**

耕地是土壤资源的精华,它是在自然土壤的基础上经过长时期的人类耕作、灌溉、施肥等措施逐步演化而成的。由于各地气候、成土母质、成土条件、耕作方式、栽培历史等的不同,耕地的类型、质量、肥力状况差异很大。

(1)类型与面积。耕种土壤包括耕种高山草原土、耕种亚高山草原土、耕种亚高山草甸土、耕种山地灌丛草原土、耕种暗棕壤、耕种灰褐土、耕种棕壤、耕种褐土、耕种新积土、耕种黄棕壤、耕种黄壤、耕种黄红壤、耕种草甸土、潮土、水稻土、灌淤土等16个土类(实拉区),总面积680.57万亩(毛面积,下同)。

各类耕种土壤占宜农土壤的面积,以山地灌丛草原土比例为最大,占33.81%,其次是潮土、亚高山草原土、亚高山草甸土、褐土、灰褐土,分别占宜农土地面积的12.8%、12.38%、9.47%、8.2%、7.99%。水稻土、新积土、红壤、棕壤、灌淤土等5个土类耕种土壤较少,依次占宜农土地的比例为0.33%、0.32%、0.36%、0.25%、0.19%。

(2)耕地的分布。

1)区域分布。耕地主要分布在雅鲁藏布江、拉萨河、年楚河、尼洋河流域(简称"一江三河")和金沙江、澜沧江、怒江河谷流域(简称"三江流域"),共有耕地478.2万亩,占全区耕地总面积的70.3%。拉萨、山南、日喀则宽谷地带以耕种亚高山草原土、耕种山地灌丛草原土和耕种草甸土为最多。东南部地区及喜马拉雅山南侧,耕地土壤以棕壤、黄棕壤为最多,部分发育在亚高山草甸土上。日喀则、山南、昌都、那曲等地区以耕种草甸土和耕种灌丛草原土为最多,河谷地区有相当数量的潮土。

耕种亚高山草原土是西藏耕地土壤的主要类型之一,主要分布在日喀则、山南中西部,阿里西南都地区。潜在肥力和有效肥力均居中等水平,耕层养分中上水平,全磷和速效钾较丰富,但区域差异大,一般日喀则地区低于山南地区相差1~2个等级。质地多为砂质壤土,通透性良好,持水能力较差,易受干旱、风沙危害。

耕种山地灌丛草原土是耕地土壤的又一主要类型,拉萨、山南、日喀则地区均有较大面积,"一江两河"地区更为集中。耕作层养分含量低,区域差异明显,西部比东部常低2~3个等级,机械组成类似亚高山草原土,易受风沙危害,但在耕地灌溉后耕作层熟化程度较高,保肥能力增强。

耕种亚高山草甸土主要分布在昌都地区北部、那曲东部、山南、日喀则的部分区域。潜在肥力上等,有效肥力偏低,是耕地土壤中保肥能力较强的类型之一,但土壤中砾石含量高,耕层中多达20%~40%。耕地海拔部位较高,热量条件较差,限制了种植业的发展。

潮土是草甸土长期耕作后形成的,全自治区河谷地区均有分布,土层厚、质地好、砾石少、土地利用率和熟化程度较高,但由于人们掠夺式的经营,对养地重视不够,致使土壤有机质和有效养分含量比较低,亟待采取人工措施予以补充。

耕种棕壤、黄棕壤、黄壤和淋溶褐土分布在日喀则、山南、林芝、昌都等地区的南部,其中耕种棕壤、黄棕壤多在林芝、日喀则地区。耕种黄壤林芝最多,耕种淋溶褐土林芝、山南最多。其共同特点是肥力较高,比草原类、草甸类土壤上发育的耕种土壤肥力高两三个等级,有效肥力高一两个等级,保肥性能也较好。土层较薄,机械组成中等,砾石含量较高,分布部位地形复杂,坡度大,雨水多,易引起严重的水土流失,对发展种植业有较大的限制。

水稻土、灌淤土、耕种棕壤、红壤是耕种土壤中面积最少的类型。水稻土集中分布在察隅、墨脱县。灌淤土分布在普兰县、札达县。棕壤、红壤分布在喜马拉雅山南侧湿润地区。

2) 垂直分布。耕种土壤的垂直分布规律与自然土壤相一致。在16类有耕种土壤发育的自然土壤中,森林土壤发育的耕种棕壤、黄棕壤、暗棕壤海拔较低,多在3700m以下;耕种亚高山草原土、山地灌丛草原土、褐土多在海拔3500~4000m;潮土、耕种草甸土则随河谷高度而变化,一般在2500~4000m;亚高山草甸土多在4000m以上。耕地最高上限为4795m,下限为610m(实际控制线以内),最高与最低相差4185m。

3) 行政分布。耕地的行政分布,以日喀则地区为最大,拥有耕地203.3万亩,占全自治区耕地面积的38.84%（净面积,下同）。其余依次是昌都107.7万亩,占20.53%;拉萨83.3万亩,占15.91%;山南80.5万亩,占15.39%;林芝36.4万亩,占6.95%;那曲地区9.03万亩,占1.72%;阿里地区耕地最少,仅有3.4万亩,占全自治区耕地面积的0.66%。全自治区63个县(市、区)有耕地分布,占74个县(市、区)总数的85.14%。

受各种条件的限制,各县耕地面积差异很大,少者数千亩,多者可达数十万亩。耕地面积在1万亩以下的有7个县,占有耕地县数的11.11%,拥有耕地36668.2亩,最少的改则县仅有5亩耕地。面积在1~5万亩之间的有19个县,占30.16%,共有耕地646942.2亩。5~10万亩之间的有20个县,占31.75%,拥有耕地1498884.8亩。10~15万亩之间的有7个县,占11.11%,拥有耕地832800.6亩。15~20万亩之间的有3个县,占4.76%,拥有耕地496958.1亩。20~25万亩之间的有5个县,占7.94%,拥有耕地1075631.9亩。大于25万亩的有江孜县和日喀则市,占3.17%,拥有耕地646443.1亩,其中日喀则市375303.1亩,在全区有耕地县中名列第一。

(二) 社会环境

社会环境方面的资料包括:工农业生产布局、工业污染源种类及分布、污染物种类及排放途径和排放量、农药和化肥使用状况、污水灌溉及污泥施用状况、人口分布、地方病等及相应图件(如污染源分布图、行政区划图等)。

### 三、土壤环境监测的项目

土壤监测项目应根据监测目的确定。背景值调查研究是为了了解土壤中各种元素的含量水平,要求测定项目多。污染事故监测仅测定可能造成土壤污染的项目。土壤质量监测测定影响自然生态和植物正常生长及危害人体健康的项目。

我国《土壤环境质量标准》(GB 15618—1995)规定监测重金属类、农药类及 pH 值共 11 个项目。《农田土壤环境质量监测技术规范》(NY/T 395—2012)将监测项目分为三类,即规定必测项目、选择必测项目和选测项目。规定必测项目为《土壤环境质量标准》要求测定的 11 个项目。选择必测项目是根据监测地区环境污染状况,确认在土壤中积累较多、对农业危害较大、影响范围广、毒性较强的污染物,具体项目由各地自己确定。选择项目指新纳入的在土壤中积累较少的污染物,由于环境污染导致土壤性状发生改变的土壤性状指标和农业生态环境指标。选择必测项目和选测项目,包括铁、锰、总钾、有机质、总氮、有效磷、总磷、水分、总硒、有效硼、总硼、总钼、氟化物、氯化物、矿物油、苯并[a]芘、全盐量。

## 第三节 土壤样品的采集与预处理

### 一、土壤样品的采集

"土壤样品采集是土壤分析的基础,如果土壤样品采集存在问题,即使后续分析过程精密,其分析结果也没有意义。因此,做好土壤样品采集及制备工作十分重要,需根据不同的分析目的,选择有代表性的样品采取点,并采用不同的采样方法和处理方法。"[①]采集土壤样品包括根据监测目的和监测项目确定样品类型,进行物质、技术和组织准备,现场踏勘及实施采样等工作。

---

① 郝春英.土壤样品的采集与制备[J].现代农业科技,2017(24):176.

## (一)土壤样品采样点的布设

**1. 采样点的布设原则**

为使布设的采样点具有代表性和典型性,应遵循下列原则:

(1)合理地划分采样单元。在进行土壤监测时,往往涉及范围较广、面积较大,需要划分成若干个采样单元,同时在不受污染源影响的地方选择对照采样单元。因为不同类型的土壤和成土母质的元素组成、含量相差较大,土壤质量监测或土壤污染监测可按照土壤接纳污染物的途径(如大气污染、农灌污染、综合污染等),参考土壤类型、农作物种类、耕作制度等因素,划分采样单元。背景值调查一般按照土壤类型和成土母质划分采样单元。同一单元的差别应尽可能缩小。

(2)坚持哪里有污染就在哪里布点,并根据技术力量和财力条件,优先布设在那些污染严重、影响农业生产活动的地方。

(3)采样点不能设在田边、沟边、路边、肥堆边及水土流失严重或表层土被破坏处。

**2. 采样点的布设数量**

土壤监测布设采样点数量要根据监测目的、区域范围大小及其环境状况等因素确定。监测区域大且环境状况复杂,布设采样点就要多;监测范围小且环境状况差异小,布设采样点数量就少。一般要求每个采样单元最少设3个采样点。

**3. 采样点的布设方法**

(1)对角线布点法:适用于面积较小、地势平坦的污水灌溉或污染河水灌溉的田块。由田块进水口引一对角线,在对角线上至少分5等份,以等分点为采样分点。若土壤差异性大,可增加等分点。

(2)梅花形布点法:适用于面积较小,地势平坦,土壤物质和污染程度较均匀的地块。中心分点设在地块两对角线相交处,一般设5~10个分点。

(3)棋盘式布点法:适用于中等面积、地势平坦、地形完整开阔,但土壤较不均匀的田块,一般设10个以上分点。此法也适用于受固体废物污染的土壤,因为固体废物分布不均匀,应设20个以上分点。

(4)蛇形布点法:适用于面积较大,地势不很平坦,土壤不够均匀的田块。布设分点数目较多。

(5)放射状布点法:适用于大气污染型土壤。以大气污染源为中心,向周围画射线,在射线上布设采样分点。在主导风向的下风向适当增加分点之间的距离和分点数量。

(6)网格布点法:适用于地形平缓的地块。将地块划分成若干均匀网状方格,采样分点设在两条直线的交点处或方格的中心。农用化学物质污染型土壤、土壤背景值调查常用这种方法。

## (二)土壤样品采样的方法

### 1. 混合样品

如果只是一般了解土壤污染状况,对种植一般农作物的耕地,只需采集 0~20cm 耕作层土壤;对于种植果林类农作物的耕地,采集 0~60cm 耕作层土壤。将在一个采样单元内各采样分点采集的土样混合均匀制成混合样,组成混合样的分点数通常为 5~20 个。混合样量往往较大,需要用四分法弃取,最后留下 1~2kg,装入样品袋。

### 2. 剖面样品

如果要了解土壤污染深度,则应按土壤剖面层次分层采样。土壤剖面指地面向下的垂直于土体的切面,在垂直切面上可观察到与地面大致平行的若干层具有不同颜色、性状的土层。典型的自然土壤剖面由表层至底层分为第一层(表层、腐殖质淋溶层)、第二层(亚层、淀积层)、第三层(风化母岩层、母质层)和底岩层。

采集土壤剖面样品时,需在特定采样地点挖掘一个 1m×1.5m 左右的长方形土坑,深度约在 2m 以内,一般要求达到母质或潜水层即可。盐碱地地下水位较高,应取样至地下水位层;山地土层薄,可取样至母岩风化层。根据土壤剖面颜色、结构、质地、松紧度、温度、植物根系分布等划分土层,并进行仔细观察,将剖面形态、特征自上而下逐一记录。随后在各层最典型的中部自下而上逐层用小土铲切取一片土壤样,每个采样点的取样深度和取样量应一致。将同层次土壤混合均匀,各取 1kg 土样,分别装入样品袋。土壤背景值调查也需要挖掘剖面,在剖面各层次典型中心部位自下而上采样,但切忌混淆层次、混合采样。

土壤剖面点位不得选在土类和母质交错分布的边缘地带或土壤剖面受破坏的地方;剖面的观察面要向阳。

## (三)土壤样品采样的频率

为了解土壤污染状况,可随时采集样品进行测定。如需同时掌握在土壤上生长的作物受污染的状况,可在季节变化或作物收获期采集。《农田土壤环境质量监测技术规范》规定,一般土壤在农作物收获期采样测定,必测项目一年测定一次,其他项目3~5年测定一次。

### (四)土壤样品采样的要求

(1)采样同时,填写土壤样品标签、采样记录、样品登记表。土壤标签一式两份,一份放入样品袋内,一份扎在袋口,并于采样结束时在现场逐项逐个检查。

(2)测定重金属的样品,尽量用竹铲、竹片直接采集样品,或用铁铲、土钻挖掘后,用竹片刮去与金属采样器接触的部分,再用竹铲或竹片采集土样。

## 二、土壤样品的预处理

土壤样品的预处理的目的是使土壤样品中的待测组分转变为适合测定方法要求的形态、浓度,以及消除共存组分的干扰。土壤样品的预处理方法主要有分解法和提取法,前者用于元素的测定,后者用于有机污染物和不稳定组分的测定。

### (一)土壤样品的加工管理

现场采集的土壤样品经核对无误后,进行分类装箱,按时运往实验室加工处理。在运输中严防样品的损失、混淆和沾污,并派专人押运。

#### 1.土壤样品的加工

土壤样品加工又称样品制备,其处理程序是:风干、磨细、过筛、混合、分装,制成满足分析要求的土壤样品。

加工处理的目的是除去非土部分,使测定结果能代表土壤本身的组成;有利于样品较长时期保存,防止发霉、变质;通过研磨、混匀,使分析时称取的样品具有较高的代表性。加工处理工作应在向阳(勿使阳光直射土样)、通风、整洁、无扬尘、无挥发性化学物质的房间内进行。

(1)样品风干。在风干室将潮湿土样倒在白色搪瓷盘内或塑料膜上,摊成约2cm厚的薄层,用玻璃棒间断地压碎、翻动,使其均匀风干。在风干过程中,拣出碎石、砂砾及植物残体等杂质。

(2)磨碎与过筛。如果进行土壤颗粒分析及物理性质测定等物理分析,取风干样品 100～200g 于有机玻璃板上用木棒、木滚再次压碎,经反复处理使其全部通过 2mm 孔径(10 目)的筛子,混匀后贮于广口玻璃瓶内。

如果进行化学分析,土壤颗粒细度影响测定结果的准确性,即使对于一个混合均匀的土样,由于土粒大小不同,其化学成分及其含量也有差异,应根据分析项目的要求处理成适宜大小的颗粒。

一般处理方法是:将风干样在有机玻璃板或木板上用锤、滚、棒压碎,并除去碎石、砂砾及植物残体后,用四分法分取所需土样量,使其全部通过孔径为 0.84mm(20 目)的尼龙筛。过筛后的土样全部置于聚乙烯薄膜上,充分混匀,用四分法分成两份,一份交样品库存放,可用于土壤 pH 值、土壤交换量等项目测定用;另一个份继续用四分法缩分成两份,一份备用,一份研磨至全部通过 0.25mm(60 目)或 0.149mm(100 目)孔径尼龙筛,充分混合均匀后备用。通过 0.25mm(60 目)孔径筛的土壤样品用于农药、土壤有机质、土壤全氮量等项目的测定;通过 0.149mm(100 目)孔径筛的土壤样品用于元素分析。样品装入样品瓶或样品袋后,及时填写标签,一式两份,瓶内或袋内 1 份,外贴 1 份。

测定挥发性或不稳定组分如挥发酚、氨态氮、硝态氮、氰化物等,需用新鲜土样。

(3)注意事项。制样过程中采样时的土壤标签与土壤始终放在一起,严禁错混,样品名称和编码始终不变。

制样工具每处理一份样后擦抹(洗)干净,严防交叉污染。

分析挥发性、半挥发性有机物或萃取有机物无需上述制样过程,用新鲜样品按特定的方法进行样品前处理。

**2. 土壤样品的管理**

土壤样品管理包括土样加工处理、分装、分发过程中的管理和样品入库保存管理。

土壤样品在加工过程中处于从一个环节到另一个环节的流动状态中,必须建立严格的管理制度和岗位责任制,按照规定的方法和程序工作,按要求认真做好各项记录。

对需要保存的土壤样品,要依据欲分析组分性质选择保存方法。风干土样存放于干燥、通风、无阳光直射、无污染的样品库内,保存期通常为半年至一年。如分析测定工作全部结束,检查无误后,无需保留时可弃去土样。在保存期内,应定期检查样品储存情况,防止霉变、鼠害和土壤标签脱落等。样品库要保持干燥、通风、无阳光直射、无污染。用于测定挥发性和不稳定组分用新鲜土壤样品,将其放在玻璃瓶中,置于低于4℃的冰箱内存放,保存半个月。

### (二)土壤样品的分解方法

分解法的作用是破坏土壤的矿物晶格和有机质,使待测元素进入试样溶液中。常用方法有酸分解法、碱熔分解法、高压釜密闭分解法、微波炉加热分解法等。

#### 1. 酸分解法

酸分解法也称消解法,是测定土壤中重金属常选用的方法。分解土壤样品常用的混合酸消解体系有盐酸-硝酸-氢氟酸-高氯酸、硝酸-氢氟酸-高氯酸、硝酸-硫酸-高氯酸、硝酸-硫酸-磷酸等。为了加速土壤中预测组分的溶解,还可以加入其他氧化剂或还原剂,如高锰酸钾、五氧化二钒、亚硝酸钠等。

用酸分解样品时应注意:①在加酸前,应加少许水将土壤润湿;②样品分解完全后,应将剩余的酸去除;③若需加热加速分解时,应逐渐升温,以免因迸溅引起损失。

#### 2. 碱熔分解法

碱熔分解法是通过将土壤样品与碱混合,在高温下熔融,使样品分解的方法。所用器皿有铝坩埚、磁坩埚、镍坩埚和铂金坩埚等。常用的熔剂有碳酸钠、氢氧化钠、过氧化钠、偏硼酸锂等。

碱熔法具有分解样品完全,操作简便、快速,且不产生大量酸蒸气的特点;但由于使用试剂量大,引入了大量可溶性盐,也易引进污染物质。另外,有些重金属如镉、铬等在高温下易挥发损失。

#### 3. 高压釜密闭分解法

高压釜密闭分解法是将用水润湿,加入混合酸并摇匀的土样放入能严格密封的聚四氟乙烯均坩内,置于耐压的不锈钢套筒中,放在烘箱内加热(一般不超过180℃)分解的方法,具有用酸量少、易挥发元素损失少、可同时进行批量试样分解等特点。

高压釜密闭分解法的缺点是:看不到分解反应过程,只能在冷却开封后才能判断试样分解是否完全;分解试样量一般不能超过1.0g,使测定含量极低的元素时称样量受到限制;分解含有机质较多的土壤时,特别是在使用高氯酸的场合下,有发生爆炸的危险,可先在80℃~90℃将有机物充分分解,再进行密闭消解。

**4. 微波炉加热分解法**

微波炉加热分解法是将土壤样品和混合酸放入聚四氟乙烯容器中,置于微波炉内加热使试样分解的方法。

由于微波炉加热不是利用热传导方式使土样从外部受热分解,而是以土样与酸的混合液作为发热体,从内部加热使土样分解,热量几乎不向外部传导损失,所以热效率非常高,并且利用微波炉能激烈搅拌和充分混匀土样,使其加速分解。如果用密闭法分解一般土壤样品,经几分钟便可达到良好的分解效果。

**(三)土壤样品的提取方法**

测定土壤中的有机污染物、受热后不稳定的组分,以及进行组分形态分析时,需要采用提取方法。提取溶剂常用有机溶剂、水和酸。

(1)有机污染物的提取。测定土壤中的有机污染物,一般用新鲜土样。称取适量土样放入锥形瓶中,放在振荡器上,用振荡提取法提取。对于农药、苯并[a]芘等含量低的污染物,为了提高提取效率,常用索氏提取器提取法。常用的提取剂有环己烷、石油醚、丙酮、二氯甲烷、三氯甲烷等。

(2)无机污染物的提取。土壤中易溶无机物组分,有效态组分可用酸或水浸取。例如,用 0.1mol/L 盐酸振荡提取镉、铜、锌,用蒸馏水提取构成 pH 值的组分,用无硼水提取有效态硼等。

(3)净化和浓缩。土壤样品中的欲测组分被提取后,往往还存在干扰组分,或达不到分析方法测定要求的浓度,需要进一步净化或浓缩。常用净化方法有层析法、蒸馏法等;浓缩方法有 K-D 浓缩器法、蒸发法等。

土壤样品中的氰化物、硫化物常用蒸馏-碱溶液吸收法分离。

## 第四节 土壤污染物的监测

### 一、土壤水分

土壤水分是土壤生物生长必需的物质,不是污染组分。但无论是用新鲜土样还是风干土样测定污染组分时,都需要测定土壤含水量,以便计算按烘干土样为基准的测定结果。

土壤含水量的测定要点是：对于风干土样，用分度为 0.001g 的天平称取适量通过 1mm 孔径筛的土样，置于已恒重的铝盒中；对于新鲜土样，用分度为 0.01g 的天平称取适量土样，放于已恒重的铝盒中；将称量好的风干土样和新鲜土样放入烘箱内，于 105(±2)℃烘至恒重，按以下两式计算含水量：

$$含水量(湿基,\%) = \frac{m_1 - m_2}{m_1 - m_0} \times 100$$

$$含水量(干基,\%) = \frac{m_1 - m_2}{m_1 - m_0} \times 100 \qquad (3\text{-}1)$$

式中：$m_0$——烘至恒重的空铝盒质量，g；

$m_1$——铝盒及土样烘干前的质量，g；

$m_2$——铝盒及土样烘至恒重时的质量，g。

## 二、氢离子浓度指数

氢离子浓度指数一般称为"pH"或者"pH 值"。土壤 pH 是土壤重要的理化参数，对土壤微量元素的有效性和肥力有重要影响。pH 为 6.5～7.5 的土壤，磷酸盐的有效性最大。土壤酸性增强，使所含许多金属化合物溶解度增大，其有效性和毒性也增大。土壤 pH 过高（碱性土）或过低（酸性土）均影响植物的生长。

测定土壤 pH 使用玻璃电极法，其测定要点是：称取通过 1mm 孔径筛的土样 10g 于烧杯中，加无二氧化碳蒸馏水 25mL，轻轻摇动后用电磁搅拌器搅拌 1min，使水和土样混合均匀，放置 30min，用 pH 计测定上部浑浊液的 pH。测定方法同水的 pH 测定方法。

测定 pH 的土样应存放在密闭玻璃瓶中，防止空气中的氨、二氧化碳及酸、碱性气体的影响。土壤的粒径及水土比均对 pH 有影响。一般酸性土壤的水土比（质量比）保持（1∶1）～（5∶1），对测定结果影响不大；碱性土壤水土比以 1∶1 或 2.5∶1 为宜，水土比增加，测得的 pH 偏高。另外，风干土壤和潮湿土壤测得的 pH 有差异，尤其是石灰性土壤，风干作用使土壤中的大量二氧化碳损失，导致 pH 偏高，因此风干土壤的 pH 为相对值。

## 三、可溶性盐分

土壤中可溶性盐分是用一定量的水从一定量土壤中经一定时间提取出来的水溶性盐分。土壤所含的可溶性盐分达到一定数量后,会直接影响作物的萌发和生长,其影响程度主要取决于可溶性盐分的含量、组成及作物的耐盐度。就盐分的组成而言,碳酸钠、碳酸氢钠对作物的危害最大,其次是氯化钠,而硫酸钠危害相对较轻。因此,定期测定土壤中可溶性盐分总量及盐分的组成,可以了解土壤盐渍程度和季节性盐分动态,为制订改良和利用盐碱土壤的措施提供依据。

测定土壤中可溶性盐分的方法有重量法、比重计法、电导法、阴阳离子总和计算法等,下面简要介绍应用广泛的重量法。

重量法的原理:称取通过1mm孔径筛的风干土壤样品1000g,放入1000mL大口塑料瓶中,加入500mL无二氧化碳蒸馏水,在振荡器上振荡提取后,立即抽滤,滤液供分析测定。吸取50～100mL滤液于已恒重的蒸发皿中,置于水浴上蒸干,再在100℃～105℃烘箱中烘至恒重,将所得烘干残渣用质量分数为15%的过氧化氢溶液在水浴上继续加热去除有机质,再蒸干至恒重,剩余残渣量即为可溶性盐分总量。

水土比和振荡提取时间影响土壤可溶性盐分的提取,故不能随意更改,以使测定结果具有可比性。此外,抽滤时尽可能快速,以减少空气中二氧化碳的影响。

## 四、金属化合物

### (一)铅、镉

铅和镉都是动、植物非必需的有毒有害元素,可在土壤中积累,并通过食物链进入人体。测定它们的方法多用原子吸收光谱法和原子荧光光谱法。

**1. 石墨炉原子吸收光谱法**

石墨炉原子吸收光谱法的测定要点是:采用盐酸-硝酸-氢氟酸-高氯酸分解法,在聚四氟乙烯坩埚中消解0.1～0.3g通过0.149mm(100目)孔径筛的风干土样,使土样中的欲测元素全部进入溶液,加入基体改进剂后定容。取适量溶液注入原子吸收分光光度计的石墨炉内,按照预先设定的干燥、灰化、原子化等升温程序,使铅、镉化合物解离为基态原子蒸气,对空心阴极灯发射的特征光进行选择性吸收,根据铅、镉对各自特征光的吸光度,用标准曲线法定量。土壤中铅、镉含量的计算式见铜、锌的测定。在加热过程中,为防止石墨管氧化,需要不断通入载气(氩气)。

**2. 氢化物发生——原子荧光光谱法**

氢化物发生——原子荧光光谱法的测定原理是:将土样用盐酸-硝酸-氢氟酸-高氯酸体系消解,彻底破坏矿物质晶格和有机质,使土样中的欲测元素全部进入溶液。消解后的样品溶液经转移稀释后,在酸性介质中及有氧化剂或催化剂存在的条件下,样品中的铅或镉与硼氢化钾反应,生成挥发性铅的氢化物或镉的氢化物。以氩气为载气,将产生的氢化物导入原子荧光分光光度计的石英原子化器,在室温(铅)或低温(镉)下进行原子化,产生的基态铅原子或基态镉原子在特制铅空心阴极灯或镉空心阴极灯发射特征光的照射下,被激发至激发态,由于激发态的原子不稳定,瞬间返回基态,发射出特征波长的荧光,其荧光强度与铅或镉的含量成正比,通过将测得的样品溶液荧光强度与系列标准溶液荧光强度比较进行定量。

铅和镉测定中所用催化剂和消除干扰组分的试剂不同,需要分别取土样消解后的溶液测定,它们的检出限可达到:铅 $1.8\times10^{-9}$/mL,镉 $8.0\times10^{-12}$ g/mL。

## (二)铜、锌

铜和锌是植物、动物和人体必需的微量元素,可在土壤中积累,当其含量超过最高允许浓度时,将会危害作物。测定土壤中的铜、锌,广泛采用火焰原子吸收光谱法。

火焰原子吸收光谱法测定原理的依据:用盐酸-硝酸-氢氟酸-高氯酸消解通过 0.149mm 孔径筛的土样,使欲测元素全部进入溶液,加入硝酸镧溶液(消除共存组分干扰),定容。将制备好的溶液吸入原子吸收分光光度计的原子化器,在空气-乙炔(氧化型)火焰中原子化,产生的铜、锌基态原子蒸气分别选择性地吸收由铜空心阴极灯、锌空心阴极灯发射的特征光,根据其吸光度用标准曲线法定量。

## (三)镍

土壤中含少量镍对植物生长有益,镍也是人体必需的微量元素之一,但当其在土壤中积累超过允许量后,会使植物中毒;某些镍的化合物,如羟基镍毒性很大,是一种强致癌物质。

土壤中镍的测定方法有火焰原子吸收光谱法、分光光度法、等离子体发射光谱法等,目前以火焰原子吸收光谱法应用最为普遍。

火焰原子吸收光谱法的测定原理是:称取一定量土壤样品,用盐酸-硝酸-氢氟酸体系消解,消解产物经硝酸溶解并定容后,喷入空气-乙炔火焰,将含镍化合物解离为基态原子蒸气,测其对镍空心阴极灯发射的特征光的吸光度,用标准曲线法确定土壤中镍的含量。

测定时,使用原子吸收分光光度计的背景校正装置,以克服在紫外光区由于盐类颗粒物、分子化合物产生的光散射和分子吸收对测定的干扰。

## (四)总汞

天然土壤中汞的含量很低,一般为 0.1~1.5mg/kg,其存在形态有单质汞、无机化合态汞和有机化合态汞。其中,挥发性强、溶解度大的汞化合物易被植物吸收,如氯化甲基汞、氯化汞等;汞及其化合物一旦进入土壤,绝大部分被耕层土壤吸附固定。当积累量超过《土壤环境质量标准》最高允许浓度时,生长在这种土壤上的农作物果实中汞的残留量就可能超过食用标准。

测定土壤中的汞广泛采用冷原子吸收光谱法和冷原子荧光光谱法。

冷原子吸收光谱法的测定要点是:称取适量通过 0.149mm 孔径筛的土样,用硫酸-硝酸-高锰酸钾或硝酸-硫酸-五氧化二钒消解体系消解,使土样中各种形态的汞转化为高价态。将消解产物全部转入冷原子吸收测汞仪的还原瓶中,加入氯化亚锡溶液,把汞离子还原成易挥发的汞原子,用净化空气载带入测汞仪吸收池,选择性地吸收低压汞灯辐射出的 253.7nm 紫外线,测量其吸光度,与汞标准溶液的吸光度比较定量。方法的检出限为 0.005mg/kg。

冷原子荧光光谱法是将土样经混合酸体系消解后,加入氯化亚锡溶液将离子态汞还原为原子态汞,用载气带入冷原子荧光测汞仪的吸收池,吸收 253.7nm 波长紫外线后,被激发而发射共振荧光,测量其荧光强度,与标准溶液在相同条件下测得的荧光强度比较定量。方法的检出限为 0.05μg/kg。

# 第四章 水环境监测

## 第一节 水环境的监测方案制订

"水质监测即以自然水环境作为对象,对其中含有的污染因素以及污染物进行监测,确定各类污染物的种类、产生的原因以及污染途径,并以此作为依据进行研究,最终确定出最为合适的处理措施。"[①]监测方案是完成一项监测任务的程序和技术方法的总体设计,制定时须首先明确监测对象与目的,然后在调查研究的基础上确定监测项目,布设监测网点,合理安排采样频率和采样时间,选定采样方法和分析测定方法与技术,提出监测报告要求,制定质量控制和保证措施及实施计划等。不同类型水质的监测目的、监测项目和选择监测分析方法的原则不同,以下根据不同水质监测对象逐一进行介绍。

### 一、地表水水质监测方案的制订

#### (一)水质监测的对象和目的

水质监测分为环境水体监测和水污染源监测。环境水体包括江、河、湖、水库、海水;水污染源包括工业废水、生活污水、医院污水等。其监测目的可概括为:

(1)对江、河、水库、湖泊、海洋等地表水和地下水中的污染因子进行经常性的监测,以掌握水质现状及其变化趋势。

(2)对生产、生活等废(污)水排放源排放的废(污)水进行监视性监测,掌握废(污)水排放量及其污染物浓度和排放总量,评价是否符合排放标准,

---

① 张梦宇.地表水质监测现状及改进分析[J].资源节约与环保,2015(05):100.

为污染源管理提供依据。

(3)对水环境污染事故进行应急监测,为分析判断事故原因、危害及制定对策提供依据。

(4)为国家政府部门制定水环境保护标准、法规和规划提供有关数据和资料。

(5)为开展水环境质量评价和预测、预报及进行环境科学研究提供基础数据和技术手段。

(6)为环境污染经济纠纷进行仲裁监测,为判断纠纷原因提供科学依据。

### (二)基础资料的收集与调查

**1. 监测对象资料收集**

在制定监测方案之前,应尽可能完备地收集待监测水体及所在区域的有关资料,主要如下:

(1)水体的水文、气候、地质和地貌资料。如水位、水量、流速及流向的变化;降雨量、蒸发量及历史上的水情;河流的宽度、深度、河床结构及地质状况;湖泊沉积物的特性、间温层分布、等深线等。

(2)水体沿岸城市分布、工业布局、污染源及其排污情况、城市给排水情况等。

(3)水体沿岸的资源现状和水资源的用途;饮用水源分布和重点水源保护区;水体流域土地功能及近期使用计划等。

(4)历年水质监测资料。

**2. 监测对象实地调查**

在收集基础资料的基础上,为了熟悉监测水域的环境,了解某些环境信息的变化情况,使制定监测方案和后续工作有的放矢地进行,实地调查是一项很重要的基础工作。

### (三)监测断面和采样点布设

**1. 监测断面的布设原则**

(1)在对调查研究结果和有关资料进行综合分析的基础上,根据水域尺度范围,考虑代表性、可控性及经济性等因素,确定断面类型和采样点数量,并不断优化,以最少的断面获取足够的代表性环境信息。

(2)有大量废(污)水排入江河的主要居民区、工业区的上游和下游,支流与干流汇合处,入海河流河口及受潮汐影响河段,国际河流出入国境线出入口,湖泊、水库出入口,地表水生态补偿节点,应设置监测断面。

(3)饮用水源地和流经主要风景游览区、自然保护区,以及与水质有关的地方病发病区、严重水土流失区及地球化学异常区的水域或河段,应设置监测断面。

(4)监测断面的位置要避开死水区、回水区、排污口处,尽量选择水流平稳、水面宽阔、无浅滩的顺直河段。

(5)监测断面应尽可能与水文测量断面一致,要求有明显的岸边标志。

**2. 采样点位的确定方法**

设置监测断面后,应根据水面的宽度确定断面上的采样垂线,再根据采样垂线处水深确定采样点的数目和位置。

对于江、河水系,当水面宽≤50m时,只设一条中泓垂线;水面宽50~100m时,在左、右近岸有明显水流处各设一条垂线;水面宽>100m时,设左、中、右3条垂线(中泓及左、右近岸有明显水流处),如证明断面水质均匀时,可仅设中泓垂线。

在一条垂线上,当水深不足0.5m时,在1/2水深处设采样点;水深0.5~5m时,只在水面下0.5m处设一个采样点;水深5~10m时,在水面下0.5m处和河底以上0.5m处各设一个采样点;水深>10m时,在水面下0.5m处、河底以上0.5m处及1/2水深处各设一个采样点。

湖泊、水库监测垂线上采样点的布设与河流相同,但如果存在温度分层现象,应先测定不同水深处的水温、溶解氧等参数,确定分层情况后,再决定垂线上采样点位和数目。一般除在水面下0.5m处和水底以上0.5m处设采样点外,还要在每一斜温分层1/2处设采样点。

海域的采样点也根据水深分层设置,如水深50~100m,在表层、10m层、50m层和底层设采样点。

监测断面和采样点位确定后,其所在位置应有固定的天然标志物;如果没有天然标志物,则应设置人工标志物,或采样时用GPS进行坐标定位,使每次采集的样品都取自同一位置,保证其代表性和可比性。

**3. 江河水系监测断面的布设**

为评价完整江河水系的水质,需要设置背景断面、对照断面、控制断面和削减断面;对于一般河段,只需设置对照、控制和削减(或过境)三种断面。

(1)背景断面:设在基本未受人类活动影响的河段,用于评价一个完整水系的污染程度。

(2)对照断面:为了解流入监测河段前的水体水质状况而设置。这种断面应设在河流进入城市或工业区以前的地方,避开各种废水、污水流入或回流处。一个河段一般只设一个对照断面,有主要支流时可酌情增加。

(3)控制断面:为评价监测河段两岸污染源对水体水质影响而设置。控制断面的数目应根据城市的工业布局和排污口分布情况而定,设在排污区(口)下游污水与河水基本混匀处。在流经特殊要求地区(如饮用水源地、风景游览区等)的河段上也应设置控制断面。

(4)削减断面:指河流受纳废水和污水后,经稀释扩散和自净作用,使污染物浓度显著降低的断面,通常设在城市或工业区最后一个排污口下游1500m以外。

另外,有时为满足特定的环境管理需要,如定量化考核、区域生态补偿、饮用水源地保护和流域污染源限期达标排放等,需设管理断面。

**4. 湖泊、水库监测垂线的布设**

湖泊、水库通常只设监测垂线,当水体复杂时,可参照河流的有关规定设置监测断面。

(1)在湖(库)的不同水域,如进水区、出水区、深水区、湖心区、岸边区,按照水体类别和功能设置监测垂线。

(2)湖(库)区若无明显功能区别,可用网格法均匀设置监测垂线,其垂线数根据湖(库)面积、湖内形成环流的水团数及入湖(库)河流数等因素酌情确定。

(3)受污染影响较大的重要湖泊、水库,在污染物主要输送路线上设置控制断面。

**5. 海洋监测断面和垂线的布设**

根据污染物在较大面积海域分布的不均匀性和局部海域相对均匀性的时空特征,在调查研究的基础上,运用统计方法将监测海域划分为污染区、过渡区和对照区,在三类区域分别设置适量监测断面和监测垂线。

### (四)确定采样时间和采样频率

为使采集的水样能够反映水质在时间和空间上的变化规律,必须合理地安排采样时间和采样频率,以最低的采样频率取得最有时间代表性的样品。我国水质监测规范中相应要求如下：

(1)饮用水源地、省(自治区、直辖市、特别行政区)交界断面中需要重点控制的监测断面,每月至少采样1次,采样时间根据具体情况选定。

(2)较大水系、河流、湖、库监测断面,每逢单月采样监测1次,采样时间一般为单月上旬,全年监测6次。采样时间为丰水期、枯水期和平水期,每期采样2次。水体污染比较严重时,酌情增加采样监测次数。底质每年枯水期采样监测1次。

(3)受潮汐影响的监测断面分别在大潮期、小潮期进行采样监测。每次采集涨、退潮水样分别测定。涨潮水样应在断面处水面涨平时采集,退潮水样应在水面退平时采集。

(4)属于国家监控的断面(或垂线),每月采样监测1次,在每月5—10日进行。

(5)如某必测项目连续3年均未检出,且在断面附近确无新增污染源,而现有污染源排污量未增加,在此情况下,可每年采样监测1次。一旦检出,或在断面附近有新增污染源,或现有污染源新增排污量时,即恢复正常采样。

(6)水系背景断面每年采样监测1次,在污染可能较重的季节进行。

(7)海水水质常规监测,每年按丰水期、平水期、枯水期或季度采样监测2~4次。

**(五)选择采样及监测分析方法**

正确选择监测分析方法是获得准确结果的关键因素之一,其选择原则应遵循:灵敏度和准确度能满足测定要求,方法成熟,抗干扰能力好,操作简便。为使监测数据具有可比性,国际标准化组织(ISO)和各国在大量实践的基础上,对各类水体中的不同污染物质都编制了规范化的监测分析方法。我国对各类水体中不同污染物质的监测分析方法分为三个层次:A层次为国家或行业的标准方法,其成熟性和准确度好,是评价其他监测分析方法的基准方法,也是环境污染纠纷法定的仲裁方法;B层次为统一方法,是已经过多个单位的实验验证,但尚欠成熟的方法,在使用中不断完善,为上升为国家标准方法创造条件;C层次为等效方法,方法的灵敏度、精密度与A、B层次方法具有可比性,或者是一些先进的新方法,但必须经过方法验证和对比实验。

**1. 测定无机污染物的方法**

(1)化学分析法:重量法、容量法等。

(2)原子吸收光谱法:冷原子吸收光谱法、火焰原子吸收光谱法和石墨炉原子吸收光谱法等,可测定多种微量、痕量金属元素。

(3)分光光度法:紫外、可见光和红外分光光度法,可测定多种金属和非金属离子或化合物,在常规监测中仍占有较大的比例。其中,有些测定项目引进了流动注射与连续流动技术,实现了自动监测。

(4)电感耦合等离子发射光谱(ICP-AES)法:用于各种水及底质、生物样品中多元素的同时测定,一次进样,可同时测定10~30个元素。

(5)电化学法:电位分析法、近代极谱分析法和库仑分析法,在常规监测中也占一定比重,可用于水质在线自动监测系统。

(6)离子色谱法:一种将分离和测定结合于一体的分析技术,一次进样可连续测定多种离子。

(7)其他方法:原子荧光光谱法、气相分子吸收光谱法、电感耦合等离子发射光谱-质谱(ICP-MS)法等,在无机污染物监测分析中也有一定应用,特别是ICP-MS法,其灵敏度比ICP-AES法高2~3个数量级,适用于痕量、超痕量有害元素的测定。

**2. 测定有机污染物的方法**

(1)气相色谱(GC)法和高效液相色谱(HPLC)法。这两种方法是分离分析多种有机污染物的有力工具,已得到广泛应用。其中,高效液相色谱法适宜测定热稳定性和挥发性差、分子量大的有机污染物,弥补了气相色谱法的不足。

(2)气相色谱-质谱(GC-MS)法。气相色谱-质谱(GC-MS)法把具有高分离效率的色谱仪与具有准确鉴定和定量测定能力的质谱仪结合于一体,可以对复杂环境样品中的微量组分进行定性和定量分析。

(3)其他方法。在常规监测中,如有机污染物类别测定、耗氧有机物测定、石油类测定等,化学分析法、分光光度法、荧光光谱法、非色散红外吸收光谱法等也有一定应用。

测定水和废水污染因子的方法还有生物监测法、放射性监测法和污染物形态分析等。

**(六)地表水水质监测方案的实施**

以西藏地区为例,对西藏地区地表水水质情况进行监测,得到的结果是:监测时间为2021年上半年,西藏自治区地表水水质状况整体为优;江河水质状况整体为优;湖泊水质状况优良;20个地级及以上城市集中式生活饮用水水源地中,扣除本底影响后,均能标准要求。在50个国家网地表水监测断面(点位)中,水质优良断面比例达到92.0%,影响水质的主要指标为氟化物和砷,均为本底原因。

西藏地区44个国控河流断面上,水质优良断面比例达到95.5%。影响水质的主要指标为砷,为本底原因。澜沧江、金沙江、雅鲁藏布江、怒江干流水质均为优,拉萨河、年楚河、尼洋河等流经重要城镇的河流水质均为优良。扣除氟化物本底影响,羊卓雍错、色林错、班公错、纳木错等6个国控重点湖泊水质均为优良。

## 二、地下水水质监测方案的制定

存在于土壤和岩石空隙(孔隙、裂隙、溶隙)中的水统称为地下水。地下水埋藏在地层的不同深度,目前主要监测浅层地下水(潜水),根据需要,也可监测深层地下水(承压水)。相对地表水而言,地下水的流动性和水质参数变化比较缓慢。地下水监测方案的制定过程与地表水基本相同,在《地下水环境监测技术规范》(HJ 164-2020)中,对地下水监测网点的布设、采样、监测项目和监测方法、数据处理、质量保证等工作都作了明确规定。

### (一)监测资料调查和收集

(1)收集、汇总监测区域的水文、地质、气象等方面的有关资料和以往的监测资料。例如,地质图、剖面图、测绘图、水井的成井参数、含水层、地下水补给、径流和流向,以及温度、湿度、降水量等。

(2)调查监测区域内城市发展、工业分布、资源开发和土地利用情况,尤其是地下工程规模、应用等;了解化肥和农药的施用面积、施用量;查清污水灌溉、排污、纳污和地表水污染现状。

(3)测量或查知水位、水深,以确定采水器和泵的类型、所需费用和采样程序。

(4)在完成以上调查的基础上,确定主要污染源和污染物,并根据地区特点与地下水的主要类型把地下水分成若干个水文地质单元。

### (二)地下水采样点的布设

由于地质结构复杂,使地下水采样点的布设也变得复杂。地下水一般呈分层流动,侵入地下水的污染物、渗滤液等可沿垂直方向运动,也可沿水平方向运动;同时,深层地下水(也称承压水)之间也会发生串流现象。因此,布点时不但要掌握污染源分布、类型和污染物扩散条件,还要弄清地下水的分层和流向等情况。通常布设两类采样点,即背景监测井和控制监测井群。监测井可以是新打的,也可利用已有的水井。

背景监测井布设在监测区域未受污染的地段、地下水水流的上方,垂直于水流方向。

污染控制监测井布设在污染源周围不同位置,特别是地下水流向的下游方向。渗坑、渗井和堆渣区的污染物,在含水层渗透性较大的地方易造成带状污染,此时可沿地下水流向及其垂直方向分别设采样点;在含水层渗透小的地方易造成点状污染,监测井宜设在近污染源处。污灌区和缺乏卫生设施的居民区,生活污水易对周围环境造成大面积垂直块状污染,监测井应以平行和垂直于地下水流向的方式布设。地下水降落漏斗区应在漏斗中心布设监测井,必要时穿过漏斗中心按十字形或放射状向外围布设监测井。在代表性泉、自流井、地下长河的出口布设监测井。

### (三)采样时间和采样频率

背景值监测井和区域性控制的孔隙承压水井每年枯水期采样监测 1 次。污染控制监测井每逢单月采样监测 1 次,全年 6 次;当某一监测项目连续 2 年均低于控制标准值的 1/5,且在监测井附近无新增污染源,而现有污染源排污量未增加的情况下,每年可在枯水期采样监测 1 次,一旦监测结果高于控制标准值的 1/5,或在监测井附近增加新污染源,或现有污染源增加排污量时,即恢复原采样频率。作为生活饮用水集中供水的地下水监测井,每月监测 1 次。同一水文地质单元的监测井采样时间尽量集中,日期跨度不宜过大。遇特殊情况或发生污染事故,可能影响地下水水质时,应随时增加采样监测次数。

## 三、水污染源监测方案的制定

水污染源包括工业废水、城市污水、医疗废水等。在制定监测方案时,首先要进行调查研究,收集有关资料,查清用水情况、废(污)水类型、主要污染物及排污去向和排放量,车间、工厂或地区的排污口数量及位置,废水处理后是否回用或排入江、河、湖、海,流经区域是否有渗坑等。然后进行综合分析,确定监测项目、监测点位,选定采样时间和频率、采样和监测方法及技术,制定质量保证程序、措施和实施计划等。

### (一)水污染源采样点的设置

水污染源一般经管道或渠、沟排放,截面积比较小,不需设置监测断面,可直接确定采样点位。

**1. 工业废水**

(1)在车间或车间处理设施的废水排放口设置采样点,监测一类污染物。

(2)在工厂废水总排放口布设采样点,监测二类污染物。

已有废水处理设施的工厂,在处理设施的总排放口布设采样点。如需了解废水处理效果,还要在处理设施进口设采样点。

**2. 城市污水**

对城市污水管网,采样点应设在城市污水干管的不同位置和污水进入受纳水体的排放口。对城市污水处理厂,应在污水进口和处理后的总排口及各处理设施单元的进、出口布设采样点。

### (二)采样频率和采样时间

(1)工业废水。企业自控监测频率根据生产周期和生产特点确定,确切频率由监测部门进行加密监测,获得污染物排放曲线(浓度—时间、流量—时间、总量—时间)后确定,一般每个生产周期不得少于3次。监测部门监督性监测每年不少于1次;如被国家或地方环境保护行政主管部门列为年度监测的重点排污单位,应增加到每年2~4次。

(2)城市污水。对城市管网污水,可在一年的丰、平、枯水季,从总排放口分别采集1次流量比例混合样测定,每次进行1昼夜,每4h采样监测1次。

在城市污水处理厂,为指导调节处理工艺参数和监督外排水水质,每天都要从部分处理单元和总排放口采集污水样,对一些项目进行例行监测。

## 第二节 水样的采集、运输与预处理

### 一、水样的采集

"对于水质检测工作来说,水样的采集和保存对确保检测数据的准确性和公正性有重大的意义。除了在现场进行的检测项目外,其余的检测项目从水样的采集、保存到最后的检测都有一定的时间。在这段时间内,如何保证水质的稳定是水质分析人员关心的问题。"[①]

#### (一)地表水样的采集

**1. 采样前的准备**

(1)水样容器的准备。容器的材质对于水样在贮存期间的稳定性影响很大。容器材质与水样的相互作用有三个方面:①容器材质可溶于水样,如从塑料容器溶解下来的有机质和从玻璃容器溶解下来的钠、硅和硼等;②容器材质可吸附水样中某些组分,如玻璃吸附痕量金属,塑料吸附有机质和痕量金属等;③水样与容器直接发生化学反应,如水样中的氟化物与玻璃容器间的反应等。

为此,对水样容器及其材质的要求如下:

1)容器材质的化学稳定性好,可保证水样的各组成成分在贮存期间不发生变化。
2)抗极端温度,抗震性能好,容器大小、形状和质量适宜。
3)能严密封口,且容易打开。
4)材料易得,成本较低。
5)容易清洗并可反复使用。

高压低密度聚乙烯塑料和硬质玻璃可满足上述要求。通常塑料容器用于测定金属和其他无机物的监测项目;玻璃容器用于测定有机物和生物等的监测项目。对特殊监测项目用的容器,可选用其他高级化学惰性材料制作。

---

① 单海英,郭淑艳.浅析水样的采集和保存[J].资源节约与环保,2015(11):72.

(2)采样器的准备。采样前,选择合适的采样器,先用自来水冲去灰尘和其他杂物,再用酸或其他溶剂洗涤,最后用蒸馏水冲洗干净;如果是铁质采样器,要用洗涤剂彻底消除油污,再用自来水漂洗干净,晾干待用。

(3)交通工具的准备。最好有专用的监测船和采样船,如果没有,根据水体和气候选用适当吨位的船只。根据交通条件选用陆上交通工具。

**2. 采样方法和采样器**

(1)采样方法。

1)船只采样:利用船只到指定的地点,按深度要求把采水器浸入水面下采样。船只采样比较灵活,适用于一般河流和水库的采样,但不容易固定采样地点,往往使数据不具有可比性。同时一定要注意采样人员的安全。

2)桥梁采样:确定采样断面应考虑交通方便,并应尽量利用现有的桥梁采样。在桥上采样安全、可靠、方便,不受天气和洪水的影响,适合于频繁采样,并能在横向和纵向准确控制采样点位置。

3)涉水采样:较浅的小河和靠近岸边水浅的采样点可涉水采样,但要避免搅动沉积物而使水样受污染。涉水采样时,采样者应站在下游,向上游方向采集水样。

4)索道采样:在地形复杂、险要,地处偏僻处的小河流,可架索道采样。

(2)采样器。

1)水桶:水桶是塑料的,适于采集表层水。应注意不能混入漂浮于水面上的物质。正式采样前要用水样冲洗水桶2~3次。

2)单层采水瓶:一个装在金属框内用绳索吊起的玻璃瓶,框底装有铅块,以增加重量,瓶口配塞,以绳索系牢,绳上标有高度,将样瓶降落到预定的深度,然后将细绳上提,把瓶塞打开,水样便充满样瓶。

3)急流采水器:采集水样时,打开铁框的铁栏,将样瓶用橡皮塞塞紧,再把铁栏扣紧,然后沿船身垂直方向伸入水深处,打开钢管上部橡皮管的夹子,水样便从橡皮塞的长玻璃管流入样瓶中,瓶内空气由短玻璃管沿橡皮管排出。

4)双层溶解气体采样瓶:将采样器沉入要求水深处后,打开上部的橡胶管夹,水样进入小瓶并将空气驱入大瓶,从连接大瓶短玻璃管的橡胶管排出,直到大瓶中充满水样,提出水面后迅速密封。

5)其他采水器:如塑料手摇泵、电动采水泵等。

**3. 地表水样的类型**

(1)瞬时水样。瞬时水样指在某一时间和地点从水体中随机采集的分散水样。当水体水质稳定,或其组分在相当长的时间或相当大的空间范围内变化不大时,瞬时水样具有很好的代表性;当水体组分及含量随时间和空间变化时,就应隔时、多点采集瞬时水样,分别进行分析,摸清水质的变化规律。

(2)混合水样。混合水样指在同一采样点于不同时间所采集的瞬时水样的混合水样,有时称"时间混合水样"。这种水样在观察平均浓度时非常有用,但不适用于被测组分在贮存过程中发生明显变化的水样。

(3)综合水样。综合水样指把不同采样点同时采集的各个瞬时水样混合后所得到的样品称综合水样。这种水样在某些情况下更具有实际意义。例如,当为几条废水河、渠建立综合处理厂时,以综合水样水质参数作为设计的依据更为合理。

### (二)地下水样的采集

地下水的水质比较稳定,一般采集瞬时水样,即能有较好的代表性。
(1)从监测井中采集水样常利用抽水机设备。
(2)对于自喷泉水,可在涌水口处直接采样。
(3)对于自来水,也要先将水龙头完全打开,放水数分钟,排出管道中积存的死水后再采样。

### (三)废水样品的采集

#### 1. 废水采样方法
(1)浅水采样,可用容器直接采集,或用聚乙烯塑料长把勺采集。
(2)深层水采样,可使用专用的深层采水器采集,也可将聚乙烯筒固定在重架上,沉入要求深度采集。
(3)自动采样,采用自动采样器或连续自动定时采样器采集。

#### 2. 废水样的类型
(1)瞬时废水样。对于生产工艺连续、稳定的工厂,所排放废水中的污染组分及浓度变化不大,瞬时废水样具有较好的代表性。对于某些特殊情况,如废水中污染物质的平均浓度合格,而高峰排放浓度超标,这时也可间隔适当时间采集瞬时废水样,并分别测定,将结果绘制成浓度—时间关系曲线,以得知高峰排放时污染物质的浓度,同时也可计算出平均浓度。

(2)平均废水样。由于工业废水的排放量和污染组分的浓度往往随时间起伏较大,为使监测结果具有代表性,需要增大采样和测定频率。

1) 平均混合水样：每隔相同时间采集等量废水样混合而成的水样，适于废水流量比较稳定的情况。

2) 平均比例混合水样：指在废水流量不稳定情况下，在不同时间依照流量大小按比例采集的混合水样。

有时需要同时采集几个排污口的废水样，并按比例混合，其监测结果代表采样时的综合排放浓度。

**3. 采样的安全防护**

在下水道、污水池、污水处理厂和污水泵站等部位采样时，必须注意以下危险：

(1) 污水管道系统中爆炸性气体混合可能引起爆炸的危险。

(2) 由毒性气体如硫化氢、一氧化碳等引起的中毒危险。

(3) 由缺氧引起的窒息危险。

(4) 致病生物引起的染病危险。

(5) 登梯等所造成的摔伤危险。

(6) 溺水的危险。

(7) 掉物砸伤的危险。

针对上述危险，应采取措施，配置相应的设备和仪器，避免危险的发生。

**（四）底质样品的采集**

水、底质和水生生物组成了一个完整的水环境系统。底质的污染是由于工厂、矿山等排放的废弃物，以及大气中污染物的沉降和蓄积而引起的，这些污染物质通过农作物和底栖生物对人体健康产生有害影响。水质监测所得的数据只能代表采样时那一短暂期内的水质状况，而对一些间隔的时间较长、不连续排放的污染物质，取样时不一定能够采集到，因此有必要进行水体底部沉积底泥的测定。底质的分析有助于了解水体在过去较长的一段时间内都有哪些污染物质，它们被富集的程度怎样，这些污染物对水体将会发生怎样的危害。所以测定底质是了解水体的一种有效手段。

水体沉积过程也就是污染物的运动过程，有着一定的规律。在同一条河，不同的河段有不同的沉积过程，上游以冲刷为主，平缓的下游以沉积为主，在不同的季节亦然，丰水期沉淀的物质粗，枯水期物质细，沉积物分层，越靠下面的层年代越久，色越深，因此监测下部的沉积物有哪些物质，就可以知道过去污染的情况。而且，一年形成一层，就可以采集各层沉积物，进行分层化验，了解污染的历史，这不仅有助于评价水质污染程度，而且可根据水文学等特点预测未来发展趋势。

底质样品的采集监测是水环境监测的重要组成部分。底质对水质、水生生物有着明显的影响。底质监测数据是判断天然水是否被污染及污染程度的重要标志。

底质监测断面的设置原则与水质监测断面相同,其位置应尽可能与水质监测断面相重合。由于底质比较稳定,受水文、气象条件影响较小,故采样频率远较水样低,可在枯水期采样 1 次,必要时在丰水期增采 1 次,采集量视监测项目、目的而定,一般为 1~2kg。采集表层底质样品一般采用挖式(抓式)采样器或锥式采样器。前者适用于采样量较大的情况,后者适用于采样量少的情况。管式泥芯采样器用于采集柱状样品,以供监测底质中污染物质的垂直分布情况。

## 二、水样的运输

### (一)水样的运输管理

采集的水样除供一部分监测项目在现场测定使用外,大部分水样要运到实验室进行分析测试。在水样运输和实验管理过程中,为继续保证水样的完整性、代表性,使之不受污染、损坏和丢失,必须遵守各项保证措施。

**1. 采样记录和样品登记**

采样时填写好采样记录,采样完成,加好保存剂后要填写样品标签。标签内容如下:

样品编号____采样断面____
采样点____添加保存剂种类和数量____
监测项目____采样者____登记者____
采样时间____年____月____日

在样品瓶壁贴上已填好的标签,与采样记录核对后,应即刻填写样品登记表一式三份,登记表的内容与上面相同。

**2. 水样运输的注意事项**

(1)根据采样记录和样品登记表清点样品,防止搞错。
(2)塑料容器要塞紧内塞,旋紧外盖。
(3)玻璃瓶要塞紧磨口塞,然后用细绳将瓶塞与瓶颈拴紧;或用封口胶、石蜡封口(测油类水样除外)。

(4)为防止样品在运输过程中因震动、碰撞而导致损失或沾污,最好将样品装箱送运。装运箱和盖要用聚合泡沫塑料或瓦楞纸板作衬里和隔板。样品按顺序装入箱内,加盖前要垫一层塑料膜,再在上面放泡沫塑料或干净的纸条使盖能压住样品瓶。

(5)需冷藏的样品,应配备专门的隔热容器,放入制冷剂,样品瓶置于其中保存。

(6)冬季应采取保温措施,以免冻裂样品瓶。

样品运输时必须由专人押运;样品交实验室分析时,接收者与送样者双方应在样品登记表上签名,以示负责。送样单和采样记录应由双方各保存一份待查。

### (二)水样的保存管理

一般常规监测中广泛使用聚乙烯和硼硅玻璃材质的容器来贮存水样。

不能及时运输或尽快分析的水样,则应根据不同监测项目的要求采取适宜的保存方法。水样的运输时间不得超过24h。

最大贮存时间一般是:清洁水样为72h,轻污染水样为48h,严重污染水样为12h。

保存水样的方法有以下三种:

**1. 冷藏**

水样冷藏温度一般要低于采样时的温度。水样采集后,应立即投入冰箱或冰水浴中并置于暗处。冷藏温度一般是2℃～5℃。冷藏不能长期保存水样。

**2. 冷冻**

为了延长保存期限,抑制微生物活动。减缓物理挥发和化学反应速率,可采用冷冻保存。冷冻温度在-20℃。但要特别注意冷冻过程和解冻过程中,不同状态的变化会引起水质的变化。为防止冷冻过程中水的膨胀,无论使用玻璃容器还是塑料容器都不能将水样充满整个容器。

**3. 加入保存剂**

(1)加入生物抑制剂:如在测定氨氮、硝酸盐氮、化学需氧量的水样中加入氯化汞,可抑制生物的氧化还原作用。

(2)调节pH值:如用硝酸将测定金属离子的水样酸化至pH值为

1~2,既可防止重金属离子水解沉淀,又可避免金属被器壁吸附。

(3)加入氧化剂或还原剂:如测定汞的水样需加入硝酸(至 pH 值小于1)和重铬酸钾(0.05%),使汞保持高价态;测定溶解氧的水样则需加入少量硫酸锰和碘化钾固定溶解氧等。

应当注意,加入的保存剂不能干扰以后的测定;保存剂的纯度最好是优级纯度;还应做相应的空白试验,对测定结果进行校正。

### (三)水样的过滤或离心分离

如果要测定组分的全量,采样后立即加入保护剂,分析测定时应充分摇匀后取样。用适当孔径的滤器可以有效地除去藻类和细菌,滤后的样品稳定性更好。一般地说,可用澄清、离心、过滤等措施来分离悬浮物。国内外已采用以水样是否能够通过孔径为 $0.45\mu m$ 滤膜作为区分可过滤态与不可过滤悬浮态的条件,能够通过 $0.45\mu m$ 微孔滤膜的部分称为"可过滤态"部分,通不过的称为"不可过滤态"部分。采用澄清后取上清液及用中速定量滤纸、砂芯漏斗、离心等方式处理样品,相互间可比性不大,它们阻留悬浮物颗粒的能力大体为滤膜＞离心＞滤纸＞砂芯漏斗。要测定可过滤态部分,就应在采样后立即用 $0.45\mu m$ 的微孔滤膜过滤。在暂时没有 $0.45\mu m$ 微孔滤膜的情况下,泥沙型水样可用离心等方法处理;含有机质多的水样可用滤纸(或砂芯漏斗)过滤;采用自然沉降取上清液测定可过滤态则是不恰当的。

## 三、水样的预处理

环境水样的组成是相当复杂的,并且多数污染组分含量低、存在形态各异,所以在分析测定之前,需要进行适当的预处理,以得到欲测组分适于测定方法要求的形态、浓度和消除共存组分干扰的试样体系。下面介绍几种主要的预处理方法。

### (一)水样的消解

当测定含有机物水样中的无机元素时,需进行消解处理。消解处理的目的是破坏有机物,溶解悬浮性固体,将各种价态的欲测元素氧化成单一高价态或转变成易于分离的无机化合物。

消解后的水样应清澈、透明、无沉淀。消解水样的方法有湿式消解法和干式分解法(干灰化法)。

**1. 湿式消解法**

(1)硝酸消解法。对于较清洁的水样,可用硝酸消解。

硝酸消解法的要点是:取混匀的水样50～200mL于烧杯中,加入5～10mL浓硝酸,在电热板上加热煮沸,蒸发至小体积,试液应清澈透明,呈浅色或无色;否则,应补加硝酸继续消解。蒸至近干,取下烧杯,稍冷后加2%硝酸(或氯化氢)20mL,温热溶解可溶盐。若有沉淀,应过滤,滤液冷至室温后于50mL容量瓶中定容,备用。

(2)硝酸-高氯酸消解法。这两种酸都是强氧化性酸,联合使用可消解含难氧化有机物的水样。

硝酸-高氯酸消解法的要点是:取适量水样于烧杯或锥形瓶中,加5～10mL硝酸,在电热板上加热,消解至大部分有机物被分解。取下烧杯,稍冷,加2～5mL高氯酸,继续加热至开始冒白烟,如试液呈深色,再补加硝酸,继续加热至浓厚白烟将尽(不可蒸至干涸)。取下烧杯冷却,用2%硝酸溶解,如有沉淀,应过滤,滤液冷至室温定容备用。因为高氯酸能与羟基化合物反应生成不稳定的高氯酸酯,有发生爆炸的危险,故先加入硝酸,氧化水样中的羟基化合物,稍冷后再加高氯酸处理。

(3)硝酸-硫酸消解法。这两种酸都有较强的氧化能力,其中硝酸沸点低,而硫酸沸点高,二者结合使用,可提高消解温度和消解效果。常用的硝酸与硫酸的比例为5∶2。消解时,先将硝酸加入水样中,加热蒸发至小体积,稍冷,再加入硫酸、硝酸,继续加热蒸发至冒大量白烟,冷却,加适量水,温热溶解可溶盐,若有沉淀,应过滤。为提高消解效果,常加入少量过氧化氢。该方法不适用于处理测定易生成难溶硫酸盐组分(如铅、钡、锶)的水样。

(4)硫酸-磷酸消解法。这两种酸的沸点都比较高,其中,硫酸氧化性较强,磷酸能与一些金属离子如$Fe^{3+}$等络合,故二者结合消解水样,有利于测定时消除$Fe^{3+}$等离子的干扰。

(5)硫酸-高锰酸钾消解法。硫酸-高锰酸钾消解法常用于消解测定汞的水样。高锰酸钾是强氧化剂,在中性、碱性、酸性条件下都可以氧化有机物,其氧化产物多为草酸根,但在酸性介质中还可继续氧化。

硫酸-高锰酸钾消解法的要点是:取适量水样,加适量硫酸和5%高锰酸钾,混匀后加热煮沸,冷却,滴加盐酸羟胺溶液破坏过量的高锰酸钾。

(6)多元消解方法。为提高消解效果,在某些情况下需要采用三元以上酸或氧化剂消解体系。例如,处理测定总铬的水样时,用硫酸、磷酸和高锰酸钾消解。

（7）碱分解法。当用酸体系消解水样造成易挥发组分损失时，可改用碱分解法，即在水样中加入氢氧化钠和过氧化氢溶液，或者氨水和过氧化氢溶液，加热煮沸至近干，用水或稀碱溶液温热溶解。

### 2. 干式分解法

干式分解法又称高温分解法。其处理过程是：取适量水样于白瓷或石英蒸发皿中，置于水浴上蒸干，移入马弗炉内，于450℃～550℃灼烧至残渣呈灰白色，使有机物完全分解除去。取出蒸发皿，冷却，用适量2%硝酸（或氯化氢）溶解样品灰分，过滤，滤液定容后供测定。本方法不适用于处理测定易挥发组分（如砷、汞、镉、硒、锡等）的水样。

## （二）富集与分离

当水样中的欲测组分含量低于分析方法的检测限时，就必须进行富集或浓缩；当有共存干扰组分时，就必须采取分离或掩蔽措施。富集和分离往往是不可分割、同时进行的。常用的方法有过滤、挥发、蒸馏、溶剂萃取、离子交换、吸附、共沉淀、层析、低温浓缩等，要结合具体情况选择使用。

### 1. 挥发分离法和蒸发浓缩法

挥发分离法是利用某些污染组分挥发度大，或者将欲测组分转变成易挥发物质，然后用惰性气体带出而达到分离的目的。例如，用冷原子荧光法测定水样中的汞时，先将汞离子用氯化亚锡还原为原子态汞，再利用汞易挥发的性质，通入惰性气体将其带出并送入仪器测定；用分光光度法测定水中的硫化物时，先使之在磷酸介质中生成硫化氢，再用惰性气体载入乙酸锌-乙酸钠溶液吸收，从而达到与母液分离的目的。

蒸发浓缩法是指在电热板上或水浴中加热水样，使水分缓慢蒸发，达到缩小水样体积、浓缩欲测组分的目的。该方法无须化学处理，简便易行，尽管存在缓慢、易吸附损失等缺点，但在无更适宜的富集方法时仍可采用。用这种方法浓缩饮用水样，可使铬、锂、钴、铜、锰、铅、铁和钡的浓度提高30倍。

### 2. 蒸馏法

蒸馏法是利用水样中各污染组分具有不同的沸点而使其彼此分离的方法。测定水A样中的挥发酚、氰化物、氟化物时，均需先在酸性介质中进行预蒸馏分离。在此，蒸馏具有消解、富集和分离三种作用。

氟化物可用直接蒸馏装置,也可用水蒸气蒸馏装置;后者虽然对控温要求较严格,但排除干扰效果好,不易发生暴沸,使用较安全。测定水中的氨氮时,需在微碱性介质中进行预蒸馏分离。

**3. 溶剂萃取法**

有机化合物的测定多采用此法进行预处理。溶剂萃取法是基于物质在不同的溶剂相中分配系数不同,从而达到组分的富集与分离目的。萃取有以下两种类型:

(1) 有机物质的萃取。分散在水相中的有机物质易被有机溶剂萃取,利用此原理可以富集分散在水样中的有机污染物质。例如,用 4-氨基安替比林分光光度法测定水样中的挥发酚时,当酚含量低于 0.05mg/L,则水样经蒸馏分离后需再用三氯甲烷进行萃取浓缩;用紫外光度法测定水中的油和用气相色谱法测定有机农药时,需先用石油醚萃取等。

(2) 无机物的萃取。由于有机溶剂只能萃取水相中以非离子状态存在的物质(主要是有机物质),而多数无机物质在水相中以水合离子状态存在,故无法用有机溶剂直接萃取。为实现用有机溶剂萃取,需先加入一种试剂,使其与水相中的离子态组分相结合,生成一种不带电、易溶于有机溶剂的物质,即将无机物质由亲水性物质变成疏水性物质。该试剂与有机相、水相共同构成萃取体系。根据生成可萃取物类型的不同,可分为螯合物萃取体系、离子缔合物萃取体系、三元配合物萃取体系和协同萃取体系等。水质监测中,双硫腙比色法测定水样中的 $Cd^{2+}$、$Hg^{2+}$、$Pb^{2+}$、$Zn^{2+}$ 等用的就是螯合物萃取体系;氟试剂比色法测定氟化物时,用的就是三元配合物萃取体系。

此外,实验室常用的离子交换、共沉淀分离、活性炭吸附、干灰化等分离、浓缩样品处理技术也广泛应用于样品的预处理中。

# 第三节 水样的分类监测

## 一、水质物理性质监测

### (一) 水温

水的物理化学性质与水温密切相关,如密度、黏度、pH 值、溶解氧、水生生物活动以及水体自净的生物化学反应等。因此,水温是水质监测中的现场必测项目。

表层水水温测定,一般将普通温度计(灵敏度0.1℃～0.2℃)在水面下0.5m处测3min,读取水温值;深层水水温测定,需用数显温度计,并将温度传感器加长导线或用颠倒温度计深入到水下测定。

## (二)色度、浊度、透明度

色度、浊度、透明度都是水质的感官指标,体现了被污染的水质与纯净水物理指标的差异。由于天然水中常含有生物色素、有色的金属离子以及废(污)水中常含有有机或无机染料及生物色素等,使水体着色,影响水生生物的生长和感观。

### 1. 色度

水体颜色分为真色和表色。真色是指去除水中悬浮物的水体颜色;表色是未去除悬浮物的水体颜色。对于不同的水样分别采用铂钴比色法、稀释倍数法、分光光度法来测量。

(1)铂钴标准比色法。设定每升水中含1mg铂和0.5mg钴所具有的颜色为1个色度,称为1度。分别配制不同色度的标准色列,用水样与色列相比较来确定水样的色度,此法适用于清洁的天然水、饮用水等。

(2)稀释倍数法。对于色度重的工业废水和生活污水,只能用文字描述其颜色,如深蓝、暗紫等,再逐级稀释至五色,并以其稀释倍数的大小来表示色度的深浅。

(3)分光光度法。对于清洁水样也可以采用国际(CIE)制定的分光光度法,以色($\lambda_{max}$)、明、纯三个参数更加精确细致地表示水体色度。

### 2. 浊度

浊度是水中含有的泥沙、胶体物等悬浮物对光的吸收、散射及阻碍作用所造成水体浑浊不清的程度。监测方法有目视比浊法、分光光度法及浊度法三种。

(1)目视比浊法。以150目(0.1mm粒径)的硅藻土(白陶土)配制浊度标准液,每升水含1mg硅藻土(白陶土)时其浊度为1度,水样与之目视比较,确定水样浊度,以反映悬浮物对光线的阻碍程度,单位为JTU(杰克逊浊度)。

(2)分光光度法。当每升水含0.125mg硫酸肼与1.25mg六次甲基四胺聚合成白色高分子悬浮物所产生的浊度为1度,体现悬浮物对光线的散色和吸收程度,单位为 NTU(散色浊度)。

(3)浊度法。通过测量水中悬浮物对 890nm 红外线吸光度的大小来反映水的浊度。

测定浊度时,必须将水样震荡摇匀后取样,对于高浊度的水样应稀释后再测定。

**3. 透明度**

透明度是水的澄清透明的程度。透明度综合反映了以悬浮物为主的浊度和以有色物质为主的色度对光线的阻碍和吸收作用。一般而言,浊度和色度高时,透明度低。测定透明度有铅字法和塞氏盘法。

(1)铅字法。将水样注满于33cm 高、2.5cm 内径的具有刻度的无色玻璃筒,由上而下观测筒底的符号。当水位高度超过 30cm 仍能看清水下符号时,为透明水样。当水样浑浊时,逐步降低水样高度,刚好看清水下符号时的水柱高度(以 cm 计)即为水样透明度。

(2)塞氏盘法。在监测现场,将直径 200mm 黑白相间的圆盘沉入水中,刚好看不到圆盘时的水深(以 cm 计)表示透明度。

**(三)残渣**

水中残渣分为不可滤残渣(悬浮物,SS)、可滤残渣(溶解性物质)以及总残渣。残渣是影响水体浊度、色度以及透明度的主要因素,是水质必测指标。

(1)不可滤残渣。取一定量水样于过滤器抽滤后得到固体物质,于103℃～105℃烘干后称重,计算出每升水中含有的固体悬浮物的量。

(2)可滤残渣和总残渣。取一定量过滤后的滤液或原水样于恒重的表面皿,于 103℃～105℃(或 180℃±2℃)温度下烧干、称重。由滤液可计算可滤残渣,由原水样可计算总残渣。

**(四)矿化度与电导率**

水的矿化度与电导率均反映水中可溶性物质含量的多少,其中包含矿物质的各种盐类和酸碱物质。

矿化度测定是取一定水样于水浴蒸干后,再于 103℃～105℃烘至恒重,计算矿化度(mg/L)。矿化度值与水中 103℃～105℃烧干时的可滤残渣值相近。

电导率值是用电导仪测定水样电导率的大小,从而表示水溶液传导电流的能力,间接地判断水样中所含无机酸、碱、盐等杂质含量的多少。纯水电导率很小,当水中含无机酸、碱或盐时,电导率增加。水样电导率值越大,说明水中杂质(酸碱盐离子)越多。因此,电导率常用于间接推测水中离子成分的总浓度。水溶液的电导率不仅取决于离子的性质和浓度,而且与溶液的温度和黏度等因素有关。当水溶性可离解的物质浓度较低时,电导率随浓度的增大而增加,因此常用电导率推测水中离子的总浓度或含盐量。

不同类型的水有不同的电导率,如新鲜蒸馏水的电导率为 $0.5\sim2\mu S/cm$,但放置一段时间后,因吸收了二氧化碳便增加到 $2\sim4\mu S/cm$;超纯水的电导率小于 $0.1\mu S/cm$;天然水的电导率多在 $50\sim500\mu S/cm$ 之间,矿化水可达 $500\sim1000\mu S/cm$;含工业酸、碱、盐的工业废水电导率往往超过 $10000\mu S/cm$;海水的电导率约为 $30000\mu S/cm$。

由于电导是电阻的倒数,因此,当两个电极插入溶液中,可以测出两电极间的电阻 $R$。根据欧姆定律,当温度一定时,这个电阻值与电极的间距 $L$(cm)成正比,与电极的截面积 $A$($cm^2$)成反比。即:

$$R = \rho L/A \tag{4-1}$$

由于电极面积 $A$ 和间距 $L$ 都是固定不变的,故 $L/A$ 是一常数,称电导池常数(以 $Q$ 表示)。比例常数 $\rho$ 称作电阻率,其倒数 $1/\rho$ 称为电导率,以 $K$ 表示。

$$S = 1/R = 1/(\rho Q) \tag{4-2}$$

$S$ 表示电导度,反映导电能力的强弱。当已知电导池常数并测出电阻后,即可求出电导率。

### (五)酸碱度与 pH 值

水中含有酸性或碱性物质的总量多少,称为水的酸度或碱度。酸性物质包括无机酸、有机酸、强酸弱碱盐等,在水溶液中离解出 $H^+$,呈现酸性;碱性物质包含无机碱、有机碱、强碱弱酸盐等,在水溶液中离解出 $OH^-$,呈现碱性。水体由于受到酸碱性物质的污染而体现酸碱性,通常用 pH 值来表示,是水质最常用和重要的指标之一,也是水质监测的必测项目。一般,饮用水 pH 值在 6.5~8.5 之间,地表水 pH 值在 6~9 之间。

水的 pH 值采用 pH 计测量法。通过玻璃电板的膜电位对 $H^+$ 活度的响应,显示其 pH 值。该方法灵敏、简便,适用于各种水样测定。测定水的酸度或碱度时,对于酸碱度大、色度和浊度小的水样可以分别用酸碱滴定法来测定。0.1mol/L 氢氧化钠滴定酸性水样时,用甲基橙作指示剂测定总酸度,用酚酞作指示剂测定强酸酸度;0.1mol/L 氯化氢滴定碱性水样时,用甲基橙作指示剂测定总碱度,用酚酞作指示剂测定强碱碱度。

## 二、金属污染物监测

水中含有多种金属化合物,按照对人体健康的影响,一般分为常量元素、微量元素和有害的重金属元素。通常环境监测的重点在于铜、铅、镉、铬、汞、砷等有害金属化合物。最常用的分析方法为原子吸收法、分光光度法和冷原子吸收法。

### (一)原子吸收法

将水样经过消解、酸化等处理好的样品直接喷入火焰或注入石墨炉中,在其特征波长下测量其吸光度。定量分析方法可用标准工作曲线法和标准加入法。

### (二)分光光度法

分光光度法测定金属化合物的原理是将水样中金属化合物经过消化处理转为金属离子,加入某一显色剂使之与金属离子生成有色配合物,在最大吸收波长下测定其吸光度,由朗伯比尔定律进行定量分析。

$$A = \varepsilon b c \tag{4-3}$$

式中:$A$ ——吸光度,无量纲;

$\varepsilon$ ——摩尔吸光系数,L/(mol·cm);

$b$ ——光程长,cm;

$c$ ——金属浓度,mol/L。

(1)双硫腙分光光度法测定铅、锌、镉、汞。将水样金属化合物消解处理后,转化生成 $Pb^{2+}$、$Zn^{2+}$、$Cd^{2+}$、$Hg^{2+}$ 金属离子,可用 $Me^{2+}$ 表示。在不同 pH 值和相应辅助试剂条件下,加入双硫腙二苯基硫代卡巴脲试剂生成有色的有机螯合物。再由三氯甲烷或四氯化碳萃取后,在其相应的特征吸收波长下测定吸光度进行定量分析。

(2)二苯碳酰二肼光度法。六价铬在酸性条件下与二苯碳酰二肼(DPC)反应,生成紫红色配合物,在其最大吸收波长(540nm)下测定吸光度,由此定量分析水中六价铬。

如需测定水中总铬,则在强酸条件下,用高锰酸钾将三价铬氧化成六价铬,再用上述方法测定总铬。用于氧化反应的过量的高锰酸钾用亚硝酸钠还原,再加入尿素分解过剩的亚硝酸钠。

(3)二乙氨基二硫代甲酸银法测定砷。在碘化钾和二氯化锡作用下五价砷还原为三价砷,并在锌与盐酸产生的新生态氢作用下生成砷化氢气体,被吸收于二乙氨基二硫代甲酸银(AgDDC)-三乙醇胺-氯仿溶液中,形成红色胶体银。在510nm波长下,以氯仿为参比液测定其吸光度,由标准工作曲线法定量分析。该方法若用硼氢化钾代替锌产生新生态氢,则称为硼氢化钾-DDC法;若用硝酸-硝酸银-聚乙烯醇-乙醇混合溶液吸收砷化氢,则生成黄色单质胶体银,在400nm波长下测定吸光度,则称为新银盐法。该方法最低检测浓度为0.007mg/L。

### (三)冷原子吸收法

以汞为例介绍冷原子吸收法。汞及其化合物在天然水中含量极少,但因其毒性和危害极大,所以在水质检测中要求很严。我国饮用水标准汞含量低于0.001mg/L,工业废水排放标准为低于0.05mg/L。

冷原子吸收法首先取一定量水样在硫酸酸性介质下,加入高锰酸钾后加热煮沸至水样澄清,再用盐酸羟胺还原过量的高锰酸钾。将水样消化后,各种形式的汞化合物都转化为二价汞离子,再由氯化亚锡还原为单质汞。最后利用汞在常温下易挥发的特点,由载气氮气将汞蒸气带出并通过测汞仪的测量池,测量由汞蒸气吸收253.7nm紫外线而产生的吸光度,由标准工作曲线法定量分析。此法适于轻度污染的水样,对于重度污染的水样需要在硫酸和硝酸的混酸条件下,加入高锰酸钾和过硫酸钾消化汞化合物。

在冷原子吸收测汞仪基础上,测量汞原子蒸气吸收253.7nm紫外光产生的荧光强度,也可以定量分析水样中的汞。该方法称为冷原子荧光法。冷原子吸收荧光测汞仪与冷原子吸收测汞仪的不同之处在于将253.7nm紫外光作为激发光源,而测量的是汞原子受激发产生的荧光强度。冷原子吸收测汞仪则是直接测量汞蒸气对253.7nm紫外光的吸光度。两种方法的最低检测浓度均为0.05μg/L。

## 三、非金属污染物监测

水体中存在的对环境危害较大的非金属污染物主要有氟化物、硫化物、氰化物以及含氮化合物等。

## (一)氰化物

水体中的氰化物分为简单氰化物、配合氰化物和有机氰化物。因此,对氰化物的测定必须针对水样的具体情况进行蒸馏预处理,使各种形态的氰化物离解释放出 $CN^-$,便于准确灵敏的测定。

(1)水样蒸馏预处理。水样在 pH 值为 4 的酸性介质中,加入酒石酸和硫酸锌并加热蒸馏,使易分解的简单氰化物和部分氰化配合物释放出 $CN^-$,并以氰化氢形式随水蒸气蒸馏出来被氢氧化钠溶液吸收;若在 pH 为 2 的强酸介质中,加入磷酸和乙二胺四乙酸加热蒸馏,此时,三种存在形式的氰化物都被分解释放出 $CN^-$,并被氢氧化钠溶液吸收,由此测定的是总氰。

(2)异烟酸-吡唑啉酮测定法。虽然测定高浓度氰化物废水可用硝酸银滴定法,但最常用的是异烟酸-吡唑啉酮分光光度法,该方法灵敏、准确,最低检测浓度为 0.004mg/L。

取一定量蒸馏溶液,调节 pH 至中性,加入氯胺 T,则氰离子被氯胺 T 氧化生成氯化氰(CNCl)。再加入异烟酸-吡唑啉酮溶液,氯化氰与异烟酸作用经水解生成蓝色染料,在 638nm 波长下测量其吸光度,以标准工作曲线法定量分析。

水中氰化物浓度由下式计算:

$$\text{氟化物 }(CN^-, mg/L) = (m_a - m_b)V_1/(VV_2) \qquad (4-4)$$

式中:$m_a, m_b$——由标准曲线查得的水样和空白氰化物浓度,μg;

$V$——预蒸馏所取水样体积,mL;

$V_1, V_2$——水样蒸馏馏出液和显色测定所取馏出液的体积,mL。

(3)吡啶-巴比妥酸测定法。在 pH 值中性条件下,氰离子被氯胺 T 氧化生成氯化氰(CNCl),氯化氰再与吡唑反应生成戊烯二醛,戊烯二醛再与巴比妥酸发生缩合反应,生成红紫色染料。在 580nm 波长下测量其吸光度,以标准工作曲线法定量分析。本法最低检测浓度为 0.002mg/L,检测上限为 0.45mg/L。

## (二)氟化物

氟是人体必需的微量元素之一。饮用水中含氟量在 0.5~1.0mg/L 为宜,氟化物的测定方法有氟离子选择电极法、离子色谱法和氟试剂分光光度法等。氟离子选择电极选择性好,线性范围宽,适应成分复杂的工业废水水样;离子色谱法快速、简便,已被国内外广泛应用。

**1. 水样预处理**

较清洁的天然水可直接测定,但大多数受污染的工业废水,为去除干扰和浓缩富集,水样都需进行蒸馏预处理。在强酸(如硫酸或高氯酸)介质下,水中氟化物以氟化氢和氟硅酸形式被蒸出后再被水吸收。

**2. 氟化物测定方法**

(1)氟离子选择电极法。氟离子选择电极法是以氟化镧($LaF_3$)单晶敏感膜的传感器为指示电极,饱和甘汞电极为外参比电极,组成一个原电池。该原电池的电动势与氟离子活度的对数呈线性关系,符合能斯特方程的定量关系,并用精密酸度计(或毫伏计、离子计)测量两电极间的电动势,然后以标准曲线法或标准加入法求出氟离子的浓度。工作电池表示如下:

Ag│$AgCl_2$,$Cl^-$(0.3mol/L),$F^-$(0.001mol/L)│$LaF_3$│　│试液│
│外参比电极│

当溶液中存在 $F^-$ 时,就会在氟电极上产生电位响应,伏特计上的读数就是电池电动势($E$)。

$$E = E' - 2.303 \frac{RT}{F} \lg a_{F^-} \tag{4-5}$$

当控制溶液中总离子强度为定值时,$E$ 随 $aF^-$($F^-$ 活度)而变化。若待测溶液中 $F^-$ 浓度<$10^{-3}$mol/L,活度系数为 1,可用 $cF^-$($F^-$ 浓度)代替 $aF^-$,即:

$$E = E' - 2.303 \frac{RT}{F} \lg C_{F^-} \tag{4-6}$$

$E$ 与 $\lg C_{F^-}$ 呈线性关系,由测得的 $E$ 值,从标准曲线上查得 $F^-$ 的浓度。

实际水样测量时,常加入总离子强度调节剂(TISAB)。该试剂由 0.1mol/L NaCl+0.1 mol/L NaAC－HAC+0.001mol/L 乙二胺四乙酸混合构成,强电解质 NaCl 是离子强度调节剂,使溶液的活度系数保持不变;NaAC-HAC 是 pH 缓冲液,使溶液保持 pH=4.7;配位剂乙二胺四乙酸是络合共存的金属干扰离子。该方法适于测定地表水、地下水及工业废水,最低检测浓度为 0.05mg/L,检测上限可达 1900mg/L。

测量时,该原电池的电动能($E$)随被测溶液的氟离子浓度的变化而变化,并通过毫伏计或离子计显示电极电势的大小,由标准加入法定量分析:

$$C_x = \frac{C_s V_s}{V_x + V_s} \left( 10^{\frac{\Delta E}{s}} - \frac{V_x}{V_x + V_s} \right)^{-1} \tag{4-7}$$

式中：$C_x$——水样中氟化物（$F^-$）浓度，mg/L；

$V_x$——水样体积，mL；

$C_s$——加入 $F^-$ 标准溶液的浓度，mg/L；

$V_s$——加入 $F^-$ 标准溶液的体积，mL；

$\Delta E$——$\Delta E$ 等于 $E_1 - E_2$（对阴离子选择性电极），其中，$E_1$ 为测得水样试液的电位值(mV)，$E_2$ 为试液中加入标准溶液后测得的电位值(mV)；

$S$——氟离子选择性电极实测斜率。

如果 $V_s \ll V_x$，则上式可简化为：

$$C_x = \frac{C_s V_s}{V_x}(10^{\frac{\Delta F}{S}} - 1)^{-1} \tag{4-8}$$

(2)氟试剂分光光度法。氟试剂（ALC）学名 3－甲基胺-茜素-二乙酸。在 pH=4.1 的醋酸盐缓冲介质中，氟离子与硝酸镧及氟试剂形成三元蓝色配合物，于 620nm 波长下测量其吸光度。当水样中氟离子浓度过低或存在 $Pb^{2+}$、$Zn^{2+}$、$Cu^{2+}$、$CO^{2+}$、$Cd^{2+}$ 等干扰离子时，应进行预蒸馏、分离和浓缩。该方法最低检出浓度为 0.05mg/L，检测上限为 1.8mg/L。

(3)离子色谱法。离子色谱法（IC）是利用离子交换原理。当水样中各种阴离子通过阴离子交换柱时（分离柱），因与交换树脂的亲和力不同而逐步分离。彼此分离后的各种阴离子再流经阳离子树脂（抑制柱）时，被碳酸钠-碳酸氢钠洗脱下来，转化为等当量的酸，并由电导检测器检测流经电导池时的电量值，记录绘制离子色谱图。最后根据色谱峰的保留时间定性分析，根据峰高或峰面积定量分析。

离子色谱法以 0.0024mol/L 碳酸钠、0.003mol/L 碳酸氢钠混合液为淋洗液，可以连续测定水样中七种阴离子（$F^-$、$Cl^-$、$Br^-$、$NO_2^-$、$NO_3^-$、$PO_4^{3-}$、$SO_4^{2-}$）。当进样量为 100μL 时，方法的检测下限为 $F^-$ 0.02mg/L、$Cl^-$ 0.04mg/L、$Br^-$ 0.15mg/L，$NO_2^-$ 0.05mg/L，$NO_3^-$ 0.10mg/L、$PO_4^{3-}$ 0.20mg/L、$SO_4^{2-}$ 0.10mg/L。

### （三）硫化物

水中硫化物包含溶解性的 $H_2S$、$HS^-$、$S^{2-}$ 和存在于悬浮物中能被酸溶解的金属硫化物以及可以转化的有机硫化物、硫酸盐等。由于硫化物的不稳定性和挥发性，监测硫化物时应在采样现场固定水样中的硫化物。

(1)采样固定与预处理。采集水样特别是工业废水时，先将水样调至中性，再按每升水加 2mL（2mol/L）的醋酸锌和 1mL（1mol/L）氢氧化钠溶液，将硫化物固定在硫化锌沉淀中。测量前将水样过滤,使硫化锌沉淀分离,再将硫化锌酸化溶解,定容待测。

(2)测定方法。对于低含量水样,采用亚甲蓝分光光度法。在$Fe^{3+}$的酸性介质中,$S^{2-}$与对氨基二甲基苯胺反应,生成蓝色的亚甲基蓝染料,并于665nm波长下测定吸光度。该方法测定范围为0.02~0.8mg/L。

对于高浓度的工业废水,采用碘量法测定。在酸性介质中,$S^{2-}$被过量的碘氧化析出硫,再用标准溶液亚硫酸钠滴定过剩的碘。由亚硫酸钠的消耗量计算硫化物的含量。该方法的测定浓度范围为0.008~25mg/L。

### (四)氯化物

对于水中氯化物和自来水中余氯的监测,是一项常规监测项目。通常采用硝酸银滴定法和离子色谱法。硝酸银滴定法适于较高浓度的废水监测,测定浓度为10~500mg/L;离子色谱法适于较低浓度的天然水和自来水,最低测定浓度为0.04mg/L。

(1)硝酸银滴定法。在水中或弱碱性介质中,以铬酸钾为指示剂,用硝酸银标准溶液滴定氯离子,产生白色氯化银沉淀。化学计量点后,过量的硝酸银与铬酸钾生成砖红色将酸银沉淀($Ag_2CrO_4$),显示滴定终点。滴定水样时应控制pH=6.5~10.5之间。对于浑浊水应过滤或离心处理后再测。

$$Cl^- (mg/L) = [(V_2 - V_1)C/V] \times 35.46 \times 1000 \qquad (4-9)$$

式中:$V_1$——蒸馏水消耗硝酸银标准溶液体积,mL;

$V_2$——水样消耗硝酸银标准溶液体积,mL;

$C$——硝酸银标准溶液浓度,mol/L;

$V$——水样体积,mL。

(2)离子色谱法。当水样通过离子交换树脂分离柱时,$Cl^-$与阴离子交换树脂 R-$N^+$HCO$_3^-$ 中的 HCO$_3^-$ 交换:

$$\text{R-}N^+\text{HCO}_3^- + Na^+Cl^- \rightarrow \text{R-}N^+Cl^- + NaHCO_3 \qquad (4-10)$$

被阴离子交换树脂交换分离的氯离子,再随淋洗液洗脱进入$RSO_3H$型阳离子交换树脂抑制柱,最后通过电导检测池测量其离子色谱图进行定性和定量分析。

离子色谱法可同时检测多种阴、阳离子,并且灵敏度高、线性范围宽,该方法检测下限为0.04mg/L。

## 四、氮、磷化合物监测

当水体氮、磷化合物过高时,会促使微生物大量繁殖,藻类及浮游植物迅速生长产生"赤潮",发生水体富营养化,使水质腐臭、恶化。

### (一)含氮化合物

水体中含氮化合物存在有机氮、氨氮、亚硝酸盐氮、硝酸盐氮四种形态。含氮有机化合物($R—NH_2$)进入水体中,在微生物作用下发生一系列复杂的生物化学反应,逐渐分解为简单的含氮化合物二氧化氮,并随着水体的氧化还原条件分别转化为硝态氮或氨氮。

以 $NH_4^+$、$NH_3$ 形态存在的含氮化合物,称为氨氮;以 $NO_2^-$、$NO_3^-$ 形态存在的含氮化合物,称为硝态氮;氨氮和有机氮称为凯氏氮;氨氮、硝态氮和有机氮的总和称为总氮。

**1. 氨氮**

水中氨氮以游离氨($NH_3$)和离子氨($NH_4^+$)形态存在,两者的比例由水的 pH 值决定,并随 pH 值变化而相互转化。水中氨氮主要来源于生活污水中的含氮有机物和焦化、合成氨等工业废水及农田排水等。氨氮的测定方法有分光光度法、氨气敏电极法和蒸馏-滴定法三大类。

(1)分光光度法。

1)钠氏试剂光度法。水样经预处理后,碘化汞与碘化钾在强碱介质中生成碘汞酸钾(钠氏试剂),再与氨生成橙色胶态化合物,并在 420nm 最大吸收波长下测定其吸光度。该方法最低检出浓度为 0.025mg/L,检测上限为 2mg/L。

2)水杨酸光度法。在亚硝酸铁盆化钠作用下,氨与水杨酸和次氯酸反应生成蓝色化合物,在 697nm 最大吸收波长下测定其吸光度。该方法最低检出浓度 0.01mg/L,检测上限为 1mg/L,适于饮用水、地表水、生活污水及大部分工业废水中氨氮的测定。

(2)氨气敏电极法。氨气敏电极是由 pH 玻璃电板与氯化银参比电板构成的离子选择复合电极,内充 0.01mg/L 氯化铵溶液。水样中氨通过疏水性电极半渗透膜,进入复合电极内充液引起 $OH^-$ 离子活度的变化,并由 pH 电极显示其电极电势的变化,由 Nernst 方程计算相应氨的浓度。该方法最低检出浓度0.03mg/L,检测上限为1400mg/L,适用于色度、浊度较高的废(污)水。

(3)蒸馏-滴定法。在pH=6.0～7.4蒸馏水样,蒸出的氨由硼酸溶液吸收。以甲基红-亚甲基蓝为指示剂,用硫酸标准溶液滴定至由绿变紫,由硫酸消耗量计算氨氮含量。

**2. 亚硝酸氮**

亚硝酸盐氮是含氮化合物相互转化的中间产物,在水中不稳定,富氧条件下易氧化成硝态氮,缺氧条件下易还原为氨态氮。亚硝酸盐分析方法有N-(1-萘基)-乙二胺或α-萘胺分光光度法、气相分子吸收光谱法等。

(1)N-(1-萘基)-乙二胺分光光度法。在pH=2～2.5的酸性介质中,亚硝酸根与对氨基苯磺酰胺生成重氮盐,再与N-(1-萘基)-乙二胺偶联生成红色偶氮染料,在540nm波长下测定。该方法最低检测浓度0.003mg/L,检测上限为0.2mg/L。

(2)α-萘胺分光光度法。在pH=2～2.5的酸性介质中,亚硝酸根与对氨基苯磺酰胺生成重氮盐,再与α-萘乙二胺偶联生成红色偶氮染料,在520nm波长下测定。

(3)气相分子吸收光谱法。在0.15～0.3mol/L柠檬酸介质中,无水乙醇使亚硝酸盐分解成二氧化氮,由空气载入气相分子吸收光谱仪的吸光管中,测定二氧化氮对来自锌空心阴极灯发射的213.9nm波长产生的吸光度而定量分析。该方法最低检测浓度0.0005mg/L,检测上限为2000mg/L。高浓度时改换为铅灯(波长283.3nm)。

**3. 硝酸盐氮**

硝酸盐氮($NO_3^-$—N)是含氮化合物分解转化的最稳定的氮化物,也是水体中最常见的氮化物存在形态。硝酸盐氮分析方法有酚二磺酸分光光度法、紫外分光光度法、气相分子吸收光谱法。

(1)酚二磺酸分光光度法。在无水条件下,硝酸盐与酚二磺酸生成硝基二磺酸酚,再于碱性溶液中生成黄色的硝基酚二磺酸三甲盐,于最大吸收波长410nm处测定吸光度。该方法最低检测浓度0.02mg/L,测定上限为2.0mg/L。该方法存在$Cl^-$干扰时,加硝酸银消除;当含量高于2mg/L时,加适量稀释或改为480nm波长测定。

(2)紫外分光光度法。硝酸根在220nm紫外波长下有特征吸收,但水中$CO_3^{2-}$、$HCO_3^-$及少量有机物在220nm波长下也有干扰吸收。利用硝酸根在275nm波长下无吸收,而上述干扰物有吸收(约为220nm时的二分之一)这一特性,分别测定220nm、275nm波长的吸光度,根据经验校正扣除干扰物质的吸收。

$$A_{校} = A_{220} - 2A_{275} \tag{4-11}$$

$A_{220}$、$A_{275}$分别代表溶液在220nm、275nm处测量的吸光度。该方法适于清洁水样,对于浑浊的水样应加氢氧化铝絮凝剂澄清或用CAD-40中性树脂处理。该方法最低检测浓度0.08mg/L,测量上限为4mg/L。

(3)气相分子吸收光谱法。在2.5~5mol/L盐酸介质中,于70(±2)℃温度下用还原剂快速分解硝酸根,产生一氧化氮气体,并被空气载入气相分子光谱吸光管,测量一氧化氮对镉空心阴极灯发射的214.4nm波长的吸光度,进行定量分析。该方法最低检测浓度0.005mg/L,测定上限为10mg/L。

**4. 凯氏氮与总氮**

凯氏氮是指以Kjelahl法测得的含氮量,包括氨氮和可以转化为氨盐的有机氮化物。此类有机氮化物包括蛋白质、氨基酸、肽、陈、核酸、尿素以及有三价氮的有机氮化合物(不含叠氮化合物、硝基化合物等)。

在凯氏烧瓶中加入适量水样,再加入浓硫酸和硫酸钾催化剂。加热消解,使有机氮转化为氨氮蒸出,被硼酸溶液吸收。根据含量的高低分别选用硫酸滴定高浓度样品或选用纳氏试剂光度法测定低浓度样品;若对水样先蒸馏除去氨氮,再进行凯氏氮测定,则测得是有机氮含量。

$$\begin{aligned}总氮 &= 有机氮 + 无机氮 \\ &= 有机氮 + 氨氮 + 亚硝酸盐氮 + 硝酸盐氮 \\ &= 凯氏氮 + 硝态氮\end{aligned} \tag{4-12}$$

总氮是各种形态氮的总和,包括有机氮、氨态氮、硝态氮。总氮测定方法既可以分别测定凯氏氮和硝态氮,再加和计算出总氮含量;也可以在120℃~124℃温度的碱性介质中,用过硫酸钾将各种形态的氮化物全都氧化为硝酸盐,再用紫外分光光度法测定。

**(二)含磷化合物**

水中磷主要以磷酸盐和有机磷形式存在,生活污水中总磷的浓度在4~8mg/L之间,是导致水体富营养化的主要因素之一。根据水样处理手段不同,可分别测得总磷、溶解性总磷、溶解性正磷酸盐。

(1)水样消解。水样可以采用过硫酸钾、硝酸-硫酸、硝酸-高氯酸三种消解方法处理水样,使各种形态的磷转化为磷酸盐形态。

(2)钼酸铵分光光度法。在酸性介质中,磷酸盐与钼酸铵反应生产淡黄色磷杂多酸:

$$PO_4^{3+} + (NH_4)_2MoO_4 + H^+ \rightarrow (NH_4)_3PO_4 \cdot 12MoO_3 + NH_4^+ + H_2O$$
(4-13)

检测方法如下:

1)加入钠,使淡黄色磷钼酸铵转化为黄色的锐磷铝酸,在 400~496nm 波长下测定。该方法称为钼酸铵光度法,检测范围在 0.01~0.6mg/L。

2)加入抗坏血酸,磷钼杂多酸被还原生成蓝色络合物(磷钼蓝),在 700nm 波长下测定。该方法称为钼锑抗光度法,检测范围为 0.01~0.6mg/L。

3)加入氯化亚锡,磷钼杂多酸被还原生成深蓝色络合物(相蓝),在 690nm 波长下测定。该方法称为氯化亚锡还原光度法,检测范围在 0.025~0.6mg/L。

4)加入碱性染料孔雀绿,与磷钼杂多酸生成绿色离子缔合物,在 620nm 波长下测定。该方法称为孔雀绿-磷钼杂多酸光度法,检测范围在 0.001~0.3mg/L。

## 五、有机污染物监测

水中有机污染物种类达到成百上千种,在水中的含量及其危害也有巨大差异。有机污染物主要重点监测挥发酚、油类及痕量有机物等。

### (一)挥发酚

水中酚类是多种酚的混合物,挥发酚是沸点在 230℃ 以下易于挥发的酚(如苯酚),而沸点在 230℃ 以上的酚为不挥发酚(如对酚)。对于低浓度的含酚天然水采用分光光度法分析,对于高浓度的含酚废水采用溴化滴定法。无论采用哪种分析方法,水样应进行蒸馏预处理,既可以对色度、浊度及共存的干扰离子进行分离,又可以进一步浓缩富集。

(1)4-氨基安替比林分光光度法。碱性条件下(pH=9.8~10.2),在铁氰化钾催化作用下,苯酚与 4-氨基安替比林生成红色吲哚酚安替比林染料,在 570nm 最大吸光波长下测定其吸光度。当酚含量超过 0.1mg/L 时,可直接测定,最低检测浓度为 0.1mg/L;当酚含量低于 0.1mg/L 时,需采用氯仿萃取浓缩富集后在460nm波长下测定。最低检测浓度为0.002mg/L,测定上限为0.12mg/L。

(2)溴化滴定法。由溴酸钾与溴化钾产生的溴与酚反应,生成三溴酚,并进一步生成溴代三溴酚。剩余的溴与碘化钾作用释放出游离碘,同时溴代三溴酚也与碘化钾反应置换出游离碘。用硫代硫酸钠标准溶液滴定游离的碘,并根据其消耗量,计算出以苯酚计的挥发酚含量。

$$挥发酚(以酚计,mg/L) = [(V_1 - V_2) \cdot C \times 15.68 \times 1000]/V$$

(4-14)

式中:$V_1$,$V_2$——空白溶液和水样消耗的硫代硫酸钠标准液用量,mL;

$C$——硫代硫酸钠标液浓度,mol/L;

$V$——水样体积,mL;

15.68——苯酚摩尔质量,g/mol。

### (二)油类污染物

水中油类污染物分为矿物油和动植物油,分别来自于工业废水和生活污水。油类在水体中以浮油和乳化油两种形态存在。浮油隔绝空气,使水体溶解氧减少;乳化油被微生物分解时,消耗水中溶解氧。

含油水样应进行萃取预处理。常用的萃取剂有石油醚、四氯化碳、己烷等非极性溶剂。测定方法根据含油量多少选择,含量高选择重量法,含量低选择紫外或红外光度法。石油和动植物油均可被四氯化碳萃取。

(1)重量法。以硫酸酸化水样,用石油醚萃取,然后蒸发去除石油醚,称量残渣,即可计算含油量。该方法适用于含油 10mg/L 以上的水样。

(2)紫外分光光度法。石油及产品含有的共轭双键一般在 215~230nm 之间有吸收。原油有两个最大吸收波长,分别在 225nm 和 254nm,轻质油最大吸收波长在 225nm。不同油品的特征吸收峰不同,对于实际水样的混合油品,可在 200~300nm 之间测定吸收光谱,从而确定最佳吸收波长(一般在 220~225nm 之间)。

(3)红外分光光度法。水样经四氯化碳萃取后分为两份。由于石油不被硅酸镁吸附,而动植物油可被硅酸镁吸附,所以一份用硅酸镁吸附脱除动植物油后测定石油类物质,一份直接测定总油类。石油类和总油类测定波长分别为 2930cm$^{-1}$($CH_2$ 基团 C—H 键伸缩振动)、2960cm$^{-1}$(—$CH_3$ 基团 C—H 键伸缩振动)、3030cm$^{-1}$(芳香环中 C—H 键伸缩振动)。由三个波长的吸光度 $A_{2930}$、$A_{2960}$、$A_{3030}$ 计算含油量。总油量与石油量之差是动植物油含量。

### (三) 痕量有机物

水中存在复杂的多种有机污染物,虽然含量很低,但由于其性强、危害大,成为水质安全的重大隐患。这些痕量有机污染物包括苯系物、挥发性卤代烃、氯苯类化合物、挥发性有机物(VOCs)以及各种有机农药残留物等。

对于含痕量有机物的水样,首先进行萃取或固相萃取等方法的预处理,然后根据被测物的性质分别选择气相色谱法(GC)或高效液相色谱法(HLC)以及气-质联用或液-质联用法。

## 第四节 水环境监测对水资源保护的意义

水利是国民经济的基础设施和基础产业。为了保障国民经济的可持续发展,必须首先实现水利可持续发展;而要实现水利可持续发展,必须做到水资源的良性循环、永续利用。为此,必须加强水资源的保护工作。由于水资源是物化劳动的商品,随着社会主义市场经济的发育,水利行业除了具有传统的公益性特征外,还具有商业性特征,而且这种商业性特征将随着时间的迁移而不断强化。所以,水环境监测必须紧紧围绕着如何实现水资源良性循环、永续利用,保障水利可持续发展这一时代的中心任务,充分发挥其参谋、手段和基础作用。

水资源一直以来都被称为人的生命之源,是世界万物赖以生存的物质基础,水资源的健康情况对人的生存和我国社会、经济的发展都有着非常重要的影响。为了能够及时采取有效的措施对水资源进行治理,水环境监测已经成为一种非常重要的方式,对环境保护也有着非常重要的意义。

水环境监测有利于维持整个社会环境的健康,同时也有利于维护全球的生态环境的平衡,水质情况对人们的身体健康有着非常重要的影响。要保护水资源,就必须要从源头上进行控制,及时地发现水资源中存在的问题并采取相应的应对措施,才能够有效地维持工业生产和人们日常生活的正常进行。水环境监测一方面能够为治理水污染提供基础,另一方面也是进行水资源保护的强有力保障,不仅要继续加强水环境监测工作的开展,还应当加强对这方面人才的培养,提高水环境监测质量。针对不同的情况要采取不同的水环境监测的方式,这样才能够采取更有效的措施去应对相应的问题,才能够从真正意义上去保护环境,保护人们的身体健康,为社会、经济发展提供健康的水环境。

对于人们的饮水来说,如果饮用水中含有细菌和一些有害的物质,那么就会加大各种传染疾病的传播概率,影响人们的身体健康,严重的会直接危害人们的生命安全。不同类型的有害物质对人们的影响是不一样的,例如水中含有浮游生物(如藻类、原生物等),水质的颜色会发生改变,有时候还会产生一些奇怪的味道,水的质量会受到影响;水中含有的一些矿物质也会影响到人们的身体健康,例如含氟量超标主要会影响人们的牙齿健康,容易出现斑齿病,如果长时间饮用含氟量超标的水,最后会导致牙齿全面崩坏。在人们的日常生活中最常见的污水是生活用水所产生的污水,如果不能够采用正确的方法对其进行处理,也会造成疾病传播的风险。因此,对水质进行监测能够及时地了解水质的情况,进行相应的处理,对保护人们的身体健康有着非常重要的意义。

对于工业用水来说,不同的行业对水质的要求也不一样。例如在锅炉行业中,在生产过程中所用的水中的钙镁含量已经硫酸盐的含量都有相应的标准,因为如果超过了这个标准含量,锅炉中就很容易产生水垢,有了水垢之后就会使锅炉受热不均匀,长时间使用不合标的水,就会导致设备受损,严重的还有可能导致爆炸,对财产和生命安全造成严重的威胁。在冶金行业的用水中,对水中的悬浮物会有较为严格的要求,以免冶炼出来的产品不达标,影响使用,甚至会造成事故。由此可见,工业用水与人们的饮用水一样,都有着相应的标准,而水环境监测是检查这些水是否达标,能否满足安全生产的重要前提,对工业的健康可持续发展有重要意义。

每年夏天是藻类爆发式生长的季节,为有效地抑制藻类的生长,可以通过水环境监测的方式去检测水中有机物质的含量的变化,进而提前采取相应的措施进行控制,通过控制水中有机物质的含量来控制藻类生长的速度和量,避免藻类泛滥对生态环境造成破坏。可见,水环境监测对维持生态环境平衡也有着重要意义。采用有效的水质检测工作,可以充分保障居民的用水安全,对于保障人体健康等同样存在有极为重要的意义。在水质检测的过程中,更需要结合当地的实际情况,采取更加科学且有效的水质检测方式,保障水质检测的综合效率。

总之,水环境监测不仅对水资源保护有重要意义,对环境的治理、管理以及研究都有重要意义。通过水环境监测能够得到水体的详细的数据，从数据中可以分析对应的水体中所含有的污染物的情况，从而分析污染物的来源、污染方式，从中找到相应的规律，分析污染物会对人们的健康、工业生产和环境产生的影响，从而制定有效的防治措施，营造一个健康的环境。

# 第五章　水资源保护的规划

## 第一节　水资源保护规划的背景与基础

### 一、水资源保护规划的背景与意义

水是生命之源,是人类赖以生存、不可缺少的一种宝贵资源,是自然环境的重要组成部分,是经济社会可持续发展的基础条件。随着科学技术的进步和社会生产力的飞速发展,人类创造了前所未有的物质财富,并加速推进了人类文明发展的进程。

如何利用有限的水资源满足人类日益增长的需水量的要求,已成为水资源学术界和各国政府十分关心的问题。"我国水资源保护工程发展极为迅速,水资源保护规划作为需要反复决策的过程,其规划方案的可行性和专业性必须有所保障,要突出保护规划各方面的协调统一,以此使水资源保护工作质量能得到保障。"[1]当前,迫切需要站在可持续发展的高度来规划水资源、保护水资源,进而促进其可持续利用。

#### (一)水资源问题对社会发展的影响

水是人类维持生命和发展经济不可缺少的宝贵资源,水资源的开发利用为人类社会进步、国民经济发展提供了必要的基本物质保证。十分遗憾的是,由于人类不合理地开发和利用水资源,产生了一系列与水有关的问题,主要表现在以下方面:

(1)水资源短缺的影响。由于可再生的水资源量是有限的,而随着社会

---

[1] 吴香云.分析现代水资源保护规划技术体系[J].中国建材科技,2022,5(27):1-2.

经济的发展,人类对水资源的需求量却逐渐增加,进而导致水资源的短缺。造成这一问题的原因有两个方面:一方面,由于水资源量是有限的,这是水资源短缺的内在基础;另一方面,由于生活、农业、工业和水力发电等所需水量大幅度增加,再加上人类活动排放污染物导致的水质变差,加剧了水资源的短缺,这是水资源短缺的外在因素。

(2)洪水灾害的影响。洪水是一种自然的水文现象,洪水灾害是当今世界上造成损失最大的自然灾害。洪灾不仅影响人民的生活和生命财产安全,而且关系着经济社会的持续发展。

(3)水污染的影响。目前大多数人只重视水量的多少,对水质重视不够。然而,水质正给工农业生产特别是人民生活用水带来越来越大的威胁。随着这一问题的日益突出,人们对水质管理工作的重视程度日益提高——如何使"水质"与"水量"统一管理成为一个十分重要的研究课题。

因此,如何科学地管理和保护水资源就显得尤为重要,成为当今一个非常重要的课题。

### (二)水资源保护规划的提出与发展

由于人类不合理地开发利用水资源,在水资源保护问题上重视不够,导致目前水资源问题十分突出。在这种情况下,人们开始日益重视水资源的保护工作,也使水资源保护规划工作从开始重视到逐步实施,以至于到目前成为水资源保护与管理必不可少的一部分。

我国的水资源保护规划工作从中华人民共和国成立初期就已经开始,到20世纪70年代,已把水资源保护规划工作作为流域规划的一项重要内容,先后完成了流域水资源规划编制或修订工作。从1983年开始,各流域机构会同各省(区)市的水利、环保部门,开展了长江、黄河、淮河、松花江、辽河、海河、珠江等七大水系的流域水资源保护规划,至1988年底,七大江河流域水资源保护规划先后完成。此次规划完成了水体功能区划和饮用水水源保护区划分工作,并与水资源开发利用规划和水的长期供需平衡计划相协调,制定了水环境综合整治规划,确定了水污染防治措施和实施管理办法。这是我国自20世纪70年代初期开展水资源保护工作以来规模最大、最系统的规划工作,也是传统江河流域规划工作的新发展。

随着水资源保护工作的不断深入,水资源保护规划的内容不断深化和扩大。国内外大专院校和科研、设计单位也开展了水资源保护综合性研究项目,取得了一些研究成果,基本形成了一套比较完善的水资源保护工作内容和方法框架。

总体来看,水资源保护规划是在调查、分析河流、湖泊、水库等污染源分布、排放等内容的基础上,与水文状况和水资源开发利用情况相联系,利用水量水质模型,探索水质变化规律,评价水质现状和趋势,预测各规划水平年的水质状况,划定水体功能分区范围及水质标准,按照功能要求制定环境目标,计算水环境容量和与之相应的污染物消减量,并分配到有关河段、地区、城镇,对污染物排放实行总量控制,提出符合流域或区域经济社会发展的综合防治措施。

### (三)水资源保护规划的意义

水资源保护规划的目的在于保护水质,合理地利用水资源,通过规划提出各种治理措施与途径,使水质不受污染,从而保证满足水体的主要功能对水质的要求,并合理地、充分地发挥水体的多功能作用。

水是人类生存和经济社会发展不可缺少的自然资源。随着经济社会的迅速发展,水资源匮乏和水污染的日益严重所构成的水危机已成为实施可持续发展战略的制约因素。近年来,污(废)水排放量急剧增加,江、河、湖、库水质恶化的趋势没有得到有效遏制,水污染事故和省际间、地区间水污染纠纷频频发生。因此,依据社会经济发展规划和水资源综合利用规划,研究和科学合理地编制水资源保护规划,对保证水资源的永续利用和实现经济社会的可持续发展,以及为经济社会发展的宏观决策和水资源统一管理与合理利用提供科学依据,具有重要意义。

## 二、水资源保护规划基础

### (一)水资源保护规划的指导思想

水资源保护规划的指导思想是:与水资源综合利用规划相协调,面向21世纪,贯彻经济社会可持续发展的战略思想,体现和反映经济社会发展对水资源保护的新要求,为宏观决策和水资源统一管理提供科学依据。具体内容有以下方面:

(1)水资源保护规划应以可持续发展战略作为指导思想,贯彻国家有关经济建设、社会发展与水资源合理开发利用、水资源保护及水污染防治协调、发展的方针。

(2)水资源保护规划应贯彻"防治结合、预防为主"的方针。对于已经受污染的水资源,应尽快着手整治,对于尚未受污染或污染尚不严重的水体,则应加强保护措施。

(3)水资源保护规划应特别重视水资源的合理开发与利用,要把节水、污水资源化及开发跨流(区)域引水工程结合起来,作为长期的重大战略措施。

(4)水资源保护规划中确定的水功能区,既要考虑近期要求,也要考虑到中长期的要求,还应根据经济社会支撑能力,对水资源保护措施做出相应的分阶段优化规划方案与实施计划。

(5)制定水资源保护规划既要研究、总结、吸收国外水资源保护的基本经验和先进技术,又要突出考虑本地的实际情况和条件,以便确定技术上行之有效、经济上适宜的规划方案与对策措施。

(6)对于工业废水污染,应强调源头控制,持续开展清洁生产,实施废物减量化和生产全过程控制,达到节水减污的目的,并与厂外集中处理相结合,实现入河排污口的优化布置。

(7)水资源保护规划中应高度重视农村水资源的保护,特别是那些位于重要饮用水源地的农村污染源。对化肥农药、畜禽排泄物、乡镇企业废水及村镇生活污水等应采取有效措施进行控制、处理及利用,实现农村生态的良性循环。

### (二)水资源保护规划的基本原则

(1)可持续发展原则。水资源保护规划应与流域水资源开发利用规划及社会经济发展规划相协调,并根据规划水体的环境承受能力,科学合理地开发利用水资源,并留有余地,以保护当代和后代赖以生存的水环境,维持水资源的永续利用,促进经济社会的可持续发展。

(2)全面规划、统筹兼顾、突出重点的原则。水资源保护规划是将水系内干流、支流、湖泊、水库以及地下水作为一个大系统,充分考虑河流上下游、左右岸,省(区)际间、市际间,湖泊、水库的不同水域,以及远、近期经济社会发展对水资源保护规划的要求进行全面规划。坚持水资源开发利用与保护并重的原则。统筹兼顾流域、区域水资源综合开发利用和经济社会发展规划。对于城镇集中饮用水水源地保护等重点问题,在规划中应体现优先保护的原则。

(3)水质与水量统一规划、水资源与生态保护相结合的原则。水质与水量是水资源的两个主要属性。水资源保护规划的水质保护与水量密切相关。规划中将水质与水量统一考虑,是水资源的开发利用与保护辩证统一关系的体现。在水资源保护规划中应从水污染的季节性变化、地域分布的差异、设计流量的确定、最小生态环境需水量、入河污染物总量控制指标等方面反映水质和水量的规划成果。还应考虑涵养水源,防止水资源枯竭、生态环境恶化等方面的因素。

(4)地表水与地下水统一规划原则。在水资源系统中,地表水与地下水是紧密相连的。水资源保护规划应注意地表水与地下水相统一,为水资源的全面统一管理提供决策依据。

(5)突出与便于水资源保护监督管理原则。水资源保护监督管理是水资源保护工作的重要方面,规划方案应实用可行、操作性强、行之有效,重点突出水资源保护监督管理措施,以利于水资源保护规划的实施。

### (三)水资源保护规划的基本任务

(1)水资源保护规划应以水资源学、环境科学技术和社会主义经济规律为指导,正确处理区域开发、城乡建设与环境保护的辩证关系,以寻求环境、经济、社会综合效益的最优化,实现经济、社会与环境的可持续发展。

(2)水资源保护规划应以国家颁布的有关水环境质量标准与法规为基本依据,按照区域的性质、功能、环境特征、居民的要求和技术经济水平,研究制订适当的水资源保护目标和一系列的排放污染物的总量控制指标。

水资源保护规划的重要任务之一就在于弄清排放污染物与水环境质量之间的相互关系;根据本区域水环境质量标准与规划水质目标,制订各规划水域的污染物总量控制要求和排污总量分配方案。

(3)水资源保护规划应以区域流域水资源保护系统的综合效益最佳为总目标,统筹考虑规划设计条件、污染源防治、排污体制、污水处理以及水体水质之间的量化关系,并经过优化决策分析,最后制订出水资源保护规划方案。

水资源保护系统是一种多组成、多变量、多目标的复杂系统。就其组成而言,可概括为污染源、污水输排、污水区域处理和水体水质变化四个部分,若再增加一项最小流量则为五部分。它们之间可以不同方式相互连接,就每个组成部分而言,又都可能存在着多种可调控的对策与措施。不同的生产工艺改革、回收处理工艺与管理办法,不同的污水排放方式和截污程度,不同的污水处理等级、规模以及水体自净作用利用的方式和程度,都具有其相应的技术特性、经济效应和环境质量,它们之间的不同组合可构成效应各不相同的综合保护方案。

水资源保护系统规划主要任务之一,就是要对各组成部分的各种可行的对策措施进行技术、经济的定量化分析,并对由此形成的多组合的综合方案所具有的系统综合效应数量化指标加以度量,进行多目标的优化决策分析,从而获得综合效益最佳的水资源保护综合规划方案。这种系统规划较之离开整体效益单纯追求局部优化或将各组成部分方案的简单叠加,以及经验性地根据工业排放标准进行水污染控制规划,可以获得明显的较大综合效益。

(4)水资源保护规划应以清洁生产和最佳实用防治技术为手段,研究制订水资源保护系统最佳效能条件下的水资源保护工程设施规划与管理规划。

水资源保护规划的整体战略安排,是建立在各个组成部分的各种具体对策、措施的技术经济可行性基础上的。对于这些对策、措施,需要通过调研、类比、试验和分析,论证其可行性并进行选择,这种选择必须建立在我国当前经济技术水平和地区特点的最佳实用防治技术基础上,以便使之既具有实施的可靠性,又具有最佳的效能。在此基础上,通过各种组合所形成的综合方案的水质模拟、经济分析及优化决策,才能做出最佳综合效能下的水资源保护工程设施规划与管理规划。

**(四)水资源保护规划的重要内容**

水资源保护规划是在水环境系统分析的基础上,合理地确定水体功能,进而对水的开采、供给、使用、处理、排放等各个环节做出统筹安排和决策。水资源保护规划从理论上应涵盖水质控制规划和水资源利用规划两部分内容。前者以实现水体功能要求为目标,是水资源保护规划的基础;后者强调水资源的合理利用和水环境保护,它以满足经济和社会发展的需要为宗旨。

进行规划时,首先必须了解被规划水体的种类、范围、深度要求和规划的任务等。根据方案所形成的原则和方法,拟订比较方案。然后对比较方案根据一定的准则进行优选。因此,规划的内容可列为:①通过调查及评价水体的现状和功能,明确水体的主要污染源及污染物;②对水体功能进行区划,拟订水质目标和设计条件;③按规划的不同水平进行污染预测;④根据水体稀释自净特性、环境容量、污染物总量控制以及技术经济比较指标拟订几个比较方案;⑤优选方案;⑥拟订分期实施程序并计算分期效益。

水资源保护规划要求把水环境及其流域作为一个生态系统,要合理地、持续地利用流域水土资源的生产能力而不致使环境退化或恶化。水资源保护规划应是流域规划或区域规划、城市规划的重要组成部分。流域(区域、城市)的各种规划是一个整体,应该全盘考虑、互相促进。

### (五)水资源保护规划的主要分类

水资源保护规划是水资源开发、利用、管理工作的一个组成部分。它是在现在或将来,流域(区域)开发至各不同阶段,为保护区域内水资源达到一定目标或水质标准而采取的方法或措施。其最终目的是,在达到水质要求的基础上,寻求最小(或较小)的经济代价或最大(或较大)的经济效益。因此,水资源保护规划主要有下列三种划分方法:

**1. 按照不同层次的规划分类**

从水污染控制的范围和内容来看,水资源保护规划可以区分为各种不同层次的互有关联的规划问题,如流域规划、区域规划和污水处理设施规划等。每一种规划都有它的范围和目的,上一层(级)规划所涉及的问题为下一层(级)规划规定了原则、限制条件和要求。

(1)河流流域规划。在河流流域规划中,应当就整个河流流域的范围(即包括整个干流和各个支流)作出统一和协调的水资源保护规划。规划的战略目标是使所有未达到水质目标的水体达到规定的指标,并要避免高质量水体的水质下降。据此目标,首先要以被评价水质的现状确定各河段的水质目标和污染物的允许排放量;其次把此允许排放量分配到各个点污染源;最后对整个流域的各种防治措施(如需要新建和扩建的污水处理厂)提出主次和先后建设的计划。

(2)区域规划。区域规划是指针对河流流域范围内所存在的、复杂的城市和工业点污染源的污染问题而制订的区域水资源保护规划。区域规划中还应包括城市的非点源污染问题。这项规划的目的是:估算各种控制水质的方案,并作出管理部门的执行计划。由此得出的区域水资源保护规划,要比那种按全国统一的排放浓度标准来进行控制的简单做法显得合理有效。同时,它也帮助地方政府获得综合解决水资源保护管理的办法和提供经费的依据。城市工业的废水处理是该规划中的重要部分,其中包括要制订各工业污染源应削减的排污量。

(3)污水处理设施规划。污水处理设施规划是为维持和改善河流水质,对污水处理设施所做出的规划。规划中,应调查已有的污水处理设施和估算各种废水处理和处置方案;然后根据环境、社会和经济的综合因素,选择一个投入费用最小、收益最大的方案。

对大型流域的规划一般都要遵循上述三个层次的做法。但遇流域较小、流域内的城市和工业点污染源不多的情况,也可不分为三个层次,一次做成即可。

**2. 按照不同水体类型的规划分类**

从保护水体类型出发,水资源保护规划可分为:

(1)河流水资源保护规划。以河流为规划整体,对全河流所提出的分段水资源保护规划。

(2)河段水资源保护规划。对河流中污染最严重或有特殊要求的河段,在河流水资源保护规划的指导下进行河段水资源保护规划。

(3)湖泊水资源保护规划。根据湖泊水体现状和要求,对湖泊分块功能等方面所提出的水资源保护规划。

(4)水库水资源保护规划。根据水库任务、分块功能划分及污染的现状和趋势等条件,提出控制全库水质及分块功能水质的规划。

**3. 按照不同解决途径的规划分类**

依据水污染控制系统规划问题优化途径的不同可将规划分成两大类:第一类是水污染控制系统的最优规划问题;第二类是可比选方案的模拟规划问题。

(1)水资源保护系统的最优规划问题。这种最优规划问题,简单来说,就是应用数学规划方法,科学地安排污染物的排放,或科学地协调各个治理环节,以便用尽量小的投入达到规定的水质目标。对于不同范围、不同组成因素的水资源系统,可以形成不同特点、不同内容的最优规划。

1)关于区域规划。

第一,排放口最优化处理,是在各小区污水处理厂的规模固定的条件下,寻求满足水体水质要求的各污水处理厂最佳处理效率的组合。这类问题研究得最早,当时称之为水质规划问题。目前对它求解的数学方法较多,也比较成熟。

第二,最优化均匀处理,是在污水处理效率固定的前提下,寻求在区域污水处理和管道输水的总费用为最低的条件下,污水处理厂的最佳位置和容量的组合。由于此时各处理厂具有相同的处理效率,因而,水体自净作用未得到充分发挥。对此,有人把它称为"厂群规划"问题。有些发达国家,法律规定所有排入水体的污水都要经过二级处理,这种条件下的最优规划问题就属于最优化均匀处理。

第三,区域最优化处理,要求综合考虑水体自净、污水处理、管道输水这三种因素。也就是说,既要考虑污水处理厂的最佳位置和容量,又要考虑每座污水处理厂的最佳处理效率。

第四,区域最优化综合治理,除了考虑污水的输送和处理这种污染治理技术外,近来常采用流量调节和河中人工曝气等多种治理技术进行综合最优化的研究。

第五,城市给水与污水处理的综合最优化,对一个城市如何综合考虑水源、给水处理、污水处理和水的循环利用等问题,以求得满足用户对水质要求和污水排放标准的最优化,这就是该系统的最优规划问题。

2)关于设施规划。

第一,废水处理系统的最优工艺流程,即在一定的进、出水水量和水质条件下,从各种不同处理方法中寻求总费用最省的最优工艺流程。

第二,污水处理系统的最优设计,即在一定的进、出水水量和水质条件下,按整个系统的费用最小的原则来设计污水处理系统各过程所需设备的基本参数。

(2)规划方案的模拟选优问题。水资源保护系统最优规划的特点是:根据各种因素所提供的信息,一次求出整个问题的最优解,以便较容易地应用现有数学手段加以处理。在条件具备时,应用最优规划法得出的规划方案应该是理想的。但是鉴于水环境问题(特别是预测)的复杂性,我们实际上只是从一个大大简化了的水资源系统的模型来研究河流水资源保护规划问题。由于河流的实际情况比模型要复杂得多,河流水资源管理往往不仅仅限于通常所用的污水处理费用最小这一目标,而是牵涉十分复杂、广泛的各种因素。因此,用上述最优规划所得到的"最优"结果用于实际河流时,很难说是真正的"最优"。但是,如果简化合理、处理得当,从模型得到的数学规划结果对于实际河流的总体规划而言,至少可以算是"合理"或是令人满意的。这就是说,在进行水资源保护规划时,不必过分追求最优化,而应当使水资源保护管理规划合理化。

此外,在很多实际情况下,又往往不完全具备进行最优规划所需的条件,即一方面可能由于系统的范围和影响因素超过了前面提到过的那些规划问题,因此无法把问题纳入最优规划的目标与约束之中;另一方面可能由于我国现实条件所限,一些问题难以确定,诸如目标函数、约束条件和过程关系式等。因此,最优规划方法的应用往往受到限制。这时,规划方案的排劣比较或选优比较就成为水污染控制系统规划的主要途径了。

  规划方案的模拟优选与最优规划方法不同。在作区域规划时,其工作程序是先进行污水输送处理设施规划研究,提出几种可供选择比较的可行方案(可先不考虑污水输送和处理系统与水体之间的关系)。然后对各种方案中的污水排放与水体之间的关系进行水质模拟计算,检验规划方案的可行性。最后从可行方案中找出比较好的方案(或修正方案)。这是一种定性分析与定量计算相结合的方法。先定性确定模拟范围,再进行定量的模拟计算,最后选择确定最佳实用方案。这种模拟规划法虽然不一定得到"最优"解,而且它的优化与否在相当程度上取决于规划人员经验的多少。但是,它比较密切地结合和发挥了现有专家的经验,在限于时间或研究水平等条件无法取得最优规划所需要的数据时,这种方法可以节省人力、物力,减少计算工作量,保证规划工作的顺利完成。而且只要注意尽可能多地提出一些待选择的初步规划方案,加以筛选,往往能够获得与最优规划方法相近的结果。特别是在进行较高层次的战略性研究时,它更有其独到的优越性。因此,在很多情况下,模拟规划法是一种既实用又能保证效果的有效方法,应该给予重视。

## 第二节 水资源保护规划的理念与框架

### 一、水资源保护规划的理念

#### (一)水资源保护的核心要素

  从我国水资源保护面临的形势与问题可知,水资源短缺、水环境污染、水生态损害、水空间萎缩等问题相互交织、相互影响,使得水资源保护工作涉及面广、任务艰巨。要破解这一难题,需要充分认识到良好的水质状况、适宜的生态水量和良性循环的水生态空间是水资源环境和经济功能正常发挥的前提;水量、水质、水生态、水空间是水资源属性的重要元素,缺一不可。水资源保护要运用系统论方法,将维护流域生态系统质量和稳定性作为基本出发点,充分认识水资源各要素间相互依存、相互影响的内在规律,实施水量、水质、水生态、水空间"四位一体"系统保护措施,从根本上实现水资源的有效保护。

### (二)水资源保护规划理念的更新

为人民群众提供优质水资源、健康水生态、宜居水环境、优美水空间等，是满足人民对美好环境的需求，能提高人民群众的获得感、幸福感、安全感。新时期水资源保护规划要贯彻生态优先、绿色发展理念，把提升河湖生态系统质量和稳定性，建设美丽幸福河湖作为水资源保护的最终目标，强化河湖水生态空间的协调和管控要求，由具体的工程措施逐步向调整和纠正人的涉水错误行为转变，将水资源保护处于末端补救的被动局面转变到更积极主动，将水资源保护作为经济社会发展的刚性约束条件的主动保护局面。

### (三)水资源保护规划的定位

新时期水资源保护规划既是水利行业重要的专项规划，也是建设美丽幸福河湖的引领性规划。一是以水资源保护规划为统领，优化调整水资源保护规划的目标、思路、重点及任务，围绕河湖生态流量保障、水质保护、水生态修复、水空间维护等目标，提出落实重点任务的时间表和路线图，指导新时期全国水资源保护工作，推进美丽幸福河湖建设；二是将水资源作为重要的战略资源，进行系统性保护、前瞻性思考、全局性谋划、战略性布局，并与城乡规划、土地利用规划、环境保护规划进行衔接与协调，融入"多规合一"国土空间规划一张蓝图。

## 二、水资源保护规划的框架

### (一)优化调整规划思路

水资源的动态性、循环性、功能多重性等特点决定了开展水资源保护、建设美丽幸福河湖是一项系统工程，必须统筹兼顾、系统施策，既要统筹考虑水量、水质、水生态、水空间四大要素及多方面的有机联系，也要推进江河湖库干支流、上中下游、左右岸协同治理；既要保护"盆里的水"，又要保护"盛水的盆"；既要保护水资源的经济功能，又要维护其生态功能；既要强化水资源保护监管和承载能力刚性约束，又要加强水生态修复、水污染治理、水环境扩容、水空间管控，提升河湖生态系统的质量和稳定性。

水资源保护规划的优化调整思路应以问题为导向，以建设美丽幸福河湖为目标,结合水利部相关职责,按照国土空间规划对水资源保护提出的新要求,统筹考虑水量、水质、水生态、水空间四大要素,优化调整规划总体思路,重点强调五点:①保障。保障河湖生态需水,保护饮用水水源地饮水安全。②修复。预防河湖岸线挤占、水资源和饮用水源水质污染、河流断流等行为。③治理。协同推进山水林田湖草系统治理,开展开发过度和功能受损的河流水系生态廊道治理。④调配。通过流域和区域水资源优化配置,实施生态需水调配,适当增加生态需水不足河湖水量,减少地下水超采区取用水量。⑤管控。监管水资源利用上线和用水强度、考核重要控制断面生态流量、管控河湖水域岸线生态空间。

以流域为单元,以重要河流生态廊道为脉络,以重要湖库为节点,分段分类提出包括生态水量保障、水质保护、水生态修复、水空间管控措施,并明确实施进度和要求,指导全国、流域、省区开展新时期水资源保护工作。

### (二)更新规划框架体系

水资源保护规划的体系应坚持生态优先、绿色发展理念,将新时期水资源保护新要求和国家赋予水利部水资源保护职责相结合,以流域为单元,以水空间管控为基础引领,强调生态保护红线、水资源利用上线、水环境质量底线的约束性,突出规划的导向性、约束性和可操作性,统筹水量、水质、水生态和水空间协同保护。

在水量方面,按照水资源节约集约利用总体要求,加强河湖生态流量(水量)保障,持续加强地下水压采综合治理。通过节约用水、水资源优化配置、地下水监测与管理、生态流量水量监测与管理、水资源承载能力监测预警机制建设等措施,建立水资源节约集约利用体系。

在水质方面,联合相关部门推进废污水资源化利用,并与节水型社会建设相协调,开展入河排污量控制和预警工作、全国重要饮用水水源地安全保障达标建设、应急备用水源地建设,建立健全流域水环境保护和协同治理体系。

在水生态方面,按照山水林田湖草系统治理要求,明确重要河湖生态流量(水量)指标,建立生态流量保障机制;建设重要河流生态廊道,强化河湖综合保护和系统治理,建立河湖水生态保护与修复体系。

在水空间方面,按照国土空间规划要求,加强河湖确权划界,明确河湖保护管理范围,严格实施水空间分区分类用途管制,完善管控体制机制,制定水空间分区准入制度、流域生态环境损害制度,逐步建立健全河湖水域岸线空间分区管控体系。

### (三)谋划新时期水资源保护规划的重点任务

基于水资源保护规划的重点任务,是结合水利部相关职责,以流域为单元,统筹水量、水质、水生态、水空间要素,提出河湖水生态空间管控、生态流量保障、重要水源地保护、水环境综合治理、河湖水系连通、重要湿地及重要水生生境保护与修复、重要河流生态廊道建设等措施;围绕国家重大战略,系统谋划重点河湖生态保护与修复重大工程,作为落实水资源保护规划和建设美丽幸福河湖的重要抓手。

因此,在系统分析国家对水资源保护的新形势、新要求、新问题,以及人类活动影响对水资源在水量、水质、水生态、水空间造成的累积性问题的基础上,要进行统筹"水量、水质、水生态、水空间"系统保护为核心的水资源保护新理念,新时期水资源保护的规划思路、规划框架体系和重点任务。建设美丽幸福河湖的相关研究和水资源保护实践工作依然任重道远,下阶段还需重点开展新时期水资源保护的关键指标和技术体系研究,更新水资源保护法规标准等,不断完善新时期水资源保护规划体系。

## 第三节 水资源保护规划的编制

### 一、水资源保护规划编制总过程

"科学编制全国水资源保护规划是实施国家水资源保护战略的重要任务,是保障人民群众饮水安全的迫切需要。"[1]对一个流域或一个区域进行水资源保护规划时,往往划分成若干子系统。如对某流域规划时,可将控制河段分成数段进行规划,首先确定各段的功能、水质目标,然后根据其功能与水质目标确定水质标准。规划过程中应用水质数学模型,在掌握水体自净规律的基础上定量地描述排污与水体水质之间的关系,进而确定规划河段的环境容量或最大允许纳污量,制定总量控制方案和水资源保护对策措施方案,并对其进行优化或优选,从而确定方案。为了寻求更经济可行的水质目标和总量控制与治理方案,还要进行水质模拟计算,这样可以定量地分

---

[1] 武云甫,黄殊云. 我国启动水资源保护规划编制工作[J]. 给水排水,2012,48(11):172.

析河流各断面的水质情况,检验水质规划选用的水质目标的合理性,从而根据合理的水质目标及经济分析来选择方案。

西藏地区水资源保护规划的过程是一个反复协调决策的过程。一个具有实用性的最佳规划方案应该使整体与局部、局部与局部、主观与客观、现状与远景、经济与水质、需要与可能等各方面协调统一,在具体工作中又往往表现为社会各部门各阶层之间的协调统一。实际上,整体规划过程就是在寻求一个最佳的统筹兼顾方案,规划的过程与步骤概括起来可分为四个阶段,即规划目标、建立模型、模拟优化以及评价决策。每个阶段有它各自相应的工作和准备工作。在模拟优化阶段又可按最优规划和模拟规划等两种途径来进行。显然,各阶段和各步骤不是机械地分割,而是根据需要相互穿插和反复进行的。

### (一)确定目标

整个规划工作要先从"明确问题"和"提出目标"开始。"明确问题"除了要明确规划的范围外,还要指明控制污染的方法和要求。为此,需通过污染源的调查分析和水质的监测研究提供水质现状评价的信息。水质现状评价对于河流来讲,是要把河流的水质现状与要求水环境的质量标准做一比较。对于行业排污来讲,是要把行业的排放水质与要求的行业控制指标做一比较。这就涉及应该选用何种水质标准或规定作为评比和治理目标的问题,而这个目标的最终确定又与一系列技术经济相联系,也是整个规划工作的最后成果之一。因此可以说,确定目标是规划过程的起始与终结。在规划开始可以提出一个认为可行的水质目标,经过规划过程中的反复协调方可最终确定。

每一水体的使用目标是由它的特定用途来决定的,一条具有最理想功能的河流可同时满足各种用途。这样可以得到最大的利益,但必然也要维持很高的水质标准和要求采用十分严格的污染控制措施。显然,只有当这种理想化功能所得到的效益能极大地满足社会的需要,而且污染控制在技术上也是可行的情况下,这种目标才是现实的。在很多情况下,我们所研究的水体都已受到不同程度的污染,不同的区段污染情况也各不相同。所以,必须从当地的社会、经济和技术条件出发,对不同的地区、不同的河流或水体以及同一水体的不同区段分别提出不同的使用用途与相应的水质标准,形成该水体的使用目标组合。

规划方案的选择过程一般是:先提出最高限与最低限两个极端的目标组合,并在其间按实际情况构成几个中间目标组合,这样便于分析比较和选择确定。

### (二)建立模型

数学模拟是解决水资源保护定量问题所不可缺少的。水质模型的建立可以为河流中污染物排放与河流水质提供定量关系,为评价预测和选择污染控制方案以及制定水质标准和排放规定提供依据。它是水资源保护规划、管理和研究过程中的重要工具。

由于水资源系统的庞大复杂,我们很难用倾倒大量污染物或停止排放污染物的方法来试验水资源的抗污或自净能力,以及污染物的迁移转化规律。用缩小比例尺的试验模型的模拟试验则不仅要消耗大量的人力、物力,而且在技术上除了模拟局部的水文、气象特征外,在模拟水资源质量的变化上难以达到相当的真实性。因此,国际上对数学模拟水污染与大气污染给予了普遍的重视,认为它是一种省钱、灵活,可以得出相当真实性的足以提供规划预测的依据和手段。

随着计算机技术的日益发展,在计算机上进行数学模拟可以不受物理模型中模型相似准则的限制,具有较大的灵活性和适应性。数学模型还可以在短时间内完成各种方案的计算比较,这是物理模型试验所无法比拟的。特别是在进行多个预测方案比较时更能显出数学模型的优越性。

从水质模型的确定性而言,虽然绝大多数数据本身要求随机或概率性的模型,但随机性模型的识别要求河流水质各种变量采用概率分布的数据来定量,而不能采用它们的期望值和平均值,这是非常困难的,因此目前绝大多数采用确定性模型来进行水污染控制的模拟和规划。

除水质模型外,建立适当的经济模型也是很重要的,它将为各种方案的模拟比较和最优化提供评价的依据。

### (三)模拟优化

寻求优化方案是合理规划的核心,是协调环境效益和经济效益的必由途径。无论是采用最优化方法,还是采用模拟的方法进行规划,均应根据具体条件而定。采用最优化来评价区域规划方案必须建立经济目标函数,所要求的条件比较严格。

目前,由于水质改进所带来的收益难以定量估算,因此最优化的目标函数经常只是一个费用函数。所谓最优化就是在水质约束和技术约束条件下,寻求费用最小的控制方案。解决最优化问题所常用的方法有线性数学规划法、非线性数学规划法和动态规划法等。这些数学规划方法，除动态规划法外，都要求把目标函数和约束条件写成显式，再根据各种规划方案所提供的数据，应用不同的水文、污染源、气候等条件进行水质模拟，以计算出相应的河流水质状态，从而可以提供水质与经济等指标的评价对比信息，以便作出优选。

**（四）评价决策**

对于水资源保护系统的规划问题，用数学方法得出的最优解往往并不一定是一个可以付诸实施的方案。因为水质改善所带来的许多效益，如改善水生生态的平衡、人体健康和旅游观光等都不容易用经济指标来衡量，因此在"最优"规划过程中没有将收益问题考虑进去。

另外，水质目标虽然可以作为规划的一个重要因素，但是它还受着政治、经济和技术等目标或条件的制约。因此，需要进行统一协调，作出使各方满意的决策，也就是说，由数学模拟和数学规划得出的"最优"水资源保护规划方案，要与其他诸因素进行协调，从而才能确定一个能够付诸实施的"最佳实用方案"。

## 二、水资源保护规划编制的阶段

编制水资源保护规划报告的步骤一般可分为三个阶段，各阶段编制内容如下：

**（一）第一阶段**

收集与综述现有的数据、资料、报告及总结过去的工作，主要工作内容如下：

（1）自然条件。地理位置、地形地貌、气候、气温、降雨量、风向、面积与分区等。

（2）人口状况。市区人口、乡镇人口、常住人口、流动人口、人口密度与空间分布、自然增长率和迁移增长率、人口预测等。

（3）城市建设总体规划。城市的规模、性质、城镇体系（如规划市区、卫星城或县城、中心镇、一般建制镇等）、城市建设用地性质（居民住宅、公共建筑、工业）等。

（4）社会经济发展现状及预测。包括国民生产总值、工业结构、产值分布特征、产业结构、不同产业的分布特征、工业发展速度(现状与预测值)、国内生产总值的发展速度等。

(5)环境污染与水资源保护现状。污染源、污染性质、污染负荷、水体特征(水文的、水力的)、水质监测状况(布点、监测频率、监测因子)及历年统计资料、数据与结果。

(6)水资源保护目标、标准及水功能区划分状况。水功能区划是指水资源保护类别及水质目标的确定,它是水资源保护规划的基础。根据对现有数据和资料的收集、归类与初步分析,应确定尚需补充收集的数据与资料,并制订补充取样分析、监测的计划。在此阶段中还应确定规划水域。

## (二)第二阶段

(1)建立数据库管理系统及地理信息系统。将适宜的有关数据、技术参数及资料输入系统,提出尚需补充的数据及资料。

(2)确定各类污染源及污染负荷。包括如下五点:

1)工业废水污染源。应包括国家或地方重点限期治理的污染源;工厂处理设备及其效果;出水排放去向。

2)农村污染源。包括农药、化肥、禽畜养殖业、乡镇企业废水及乡镇生活污水等。需弄清各种污染源对地表水及地下水污染的贡献率,其中应该特别提出的是规模化禽畜养殖业,其粪尿及废水排放的氮、磷、钾等污染物负荷总量很大,需进行详细调研、监测和统计。

3)生活污水污染源。包括城市居民住宅污水排放量及污染物负荷量;城市公共建筑污水排放量及污染物负荷量。

4)城市粪便量。目前尚无城市下水道服务的居民公共厕所的数量、分布、粪尿排放量、收集与运输方式、处置与处理方式及最终出路等。

5)雨水量及初期暴雨径流量挟带的污染物量。雨水的排放系统(合流制下水道、分流制下水道及半分流半合流制下水道)及最终出路(进入水体、进入污水处理厂或部分进入污水处理厂等)。

(3)模型选择、采用、校正与检验。在水资源保护规划中,需采用模型进行水量、水质预测,并对推荐规划方案进行优化决策,以花费最少费用。例如,作为饮用水水源地的水库水质模型、河流水质模型及地下水水量和水质模型等。但模型必须利用所收集的大量实测的统计数据进行校正或验证;若缺乏必要的数据,则需及时进行补充实测,同时需进行反复的计算机模拟工作,逐步校正,使之符合当地情况,以便准确地进行水质预测。此外,为达到水资源质量目标,应基于各项技术参数及财务参数对各种推荐方案进行评估,这也需要依靠模型,即综合分析模型。目前所采用的是多参数综合决策分析模型或最小费用模型,这类模型需要输入各种费用数据及水资源质量参数等。

(4)酝酿制定可能的推荐规划方案。提出解决水环境污染及改善水质的战略、途径、方法与措施,对制定长期的水资源保护战略提出意见和建议。

## (三)第三阶段

规划方案确定及实施计划安排如下:

(1)提出各种战略、对策及解决问题措施的清单。

(2)对提出的规划方案进行技术、经济分析,以达到技术上的可行与经济上的合理。如果通过模型的模拟运行计算和分析,达不到既定水质目标或技术、经济上不可行或不合理,则需提出在技术、经济上更为可行的规划方案,通过一次或多次计算,最后制定出推荐的规划方案。

(3)制订各工程项目实施的优先顺序和实施计划(不同规划年各工程项目的实施计划)。

(4)对水资源保护与管理提出体制、法规、标准、政策等方面的意见和建议。最后还应考虑当地政府财政上的支撑能力,以期获得批准和实施。

## 第四节 水资源保护规划与污染物总量控制规划方法

### 一、水资源保护规划的方法

水资源保护系统规划过程基本采用系统工程的分析方法。但对其中各专题内容,可根据其特性分别采用现状调查、类比分析、实测计算、历史比较、未来预测、可行性分析、系统分析、智囊技术、决策技术、可靠性分析等方法。目前从方法论与实际运用情况看,基本上具备了各种解决定量化模拟优化分析方法。

水资源保护规划的目标函数建立后,在给定的约束条件下,可以用一般的数学求极值的方法,也可以用线性规划法、非线性规划法和动态规划法等求解目标函数,得出水资源保护系统的优化规划方案。在多目标规划中,要同时求出几个互相矛盾目标的极值,就不能采用通常的优化技术,但可采用适用于多目标规划的优化技术如权重法和约束法等。这些方法是把多目标问题转换成为可用传统方法求解的单目标问题。

目前,把河流开发与水资源保护和污染治理结合起来研究,是一个重要的发展方向,大体思路如下:

(1)调查污染源,确定污染负荷(污水量及各种污染物的排放浓度等)。

(2)研究河流的水文、气象及污染特性,确定河流污染的临界期。

(3)根据监测资料点绘污染物浓度与纵向距离、横向距离、水深与河道流量间的关系。

(4)建立河流稀释自净的数学模式(或计算稀释自净能力的简单公式)。

(5)确定设计条件,如水利工程各种可能的配合方案,各种可能的调度运用规程,设计的水文条件等。

(6)建立各个子系统的总量控制和治理目标与治理费用的关系。

(7)确定河流水质的整体目标(即系统的整体目标)。

(8)根据设计条件、系统的整体目标及河流的稀释自净能力计算环境容量或最大允许纳污能力。

(9)根据治理费用最小的原则和具体的约束条件,利用优化方法进行超过环境容量或最大允许纳污能力部分的负荷分配,求出各种不同水利工程条件下的最优治理方案。

(10)研究水利工程各种配合方案为改善水质所分担的投资、运行费及影响水利水电效益。

(11)编制综合治理费用,根据总治理费用最小原则,优选确定与相应水利工程相配合的污染负荷分配方案。

## 二、污染物总量控制规划方法

在污染源分布较多的地表水系,因其纳污总量过大,即使各个污染源均达标排放,也往往会形成地表水水质不达标的严重污染状况。为此,总量控制成为水资源保护管理的有效手段,污染物总量控制规划方案是水资源保护规划的重要内容。

### (一)总量控制规划的基本规定

**1. 从实际出发,选择总量控制类型**

与环境容量资源分配、负荷技术经济优化分配相适应的是容量总控制,即根据水质保护目标,反推容许排污量,再将容许排污量优化分配至污染源。容量总量控制完整地反映了污染源与保护目标这一系统的输入—响应关系。在实施优化控制污染源的种种方案中,可以包含目标总量控制、行业总量控制。

与负荷技术经济优化分配相适应的是目标总量控制,即根据给定总量控制目标或削减量目标,将容许排放量或削减负荷量分配至污染源。目标总量控制虽然没有实现输入响应系统的调控,但是由于在区域污染源控制排放中体现了技术经济优化分配,因而具有明显的效益和科学性。

从总量控制思想演化而来的行业总量控制,即不设定保护目标和总量负荷目标,直接从行业技术改造、提高资源与能源利用率出发,研究从行业生产工艺改造、可行性处理技术推广、管理职能强化等方面削减污染物。行业总量控制更多地考虑污染源的生产工艺和可行处理技术。虽然没有在区域内体现两类分配的特点,但是却在污染源内部开辟了消灭污染于生产工艺过程之中的清洁生产新领域,体现出控制污染的新方向,顺应国际上广泛兴起生态工业与绿色工艺等可持续发展的新潮流。

通过全社会可持续发展水资源保护战略的实施,排污单位清洁生产方式的稳步进行,新技术、新工艺、新设备在治理工程的不断应用,区域生态环境综合防治与科学规划的全面实施,都将成为高效、低耗、现实的污染防治与控制措施,为全社会实施污染物排放总量控制制度奠定基础。

**2. 遵循控制准则,制定总量控制指标**

(1)按控制污染最不利条件制定总量控制指标。一般以一年中排污量最大、水量最枯、温度最不利、扩散条件最差的条件作为控制污染最不利条件。注意从实际出发配合各类设计条件。

(2)按污染单项指标分别选择总量控制单项指标。一般从水质标准项目出发,对应选出污染源排污指标,并在影响受纳水域水质的所有污染源中选定单项控制指标。

(3)按控制断面水质浓度,评价总量负荷指标。水质管理应在排污口控制排污总量,在控制断面检验水质浓度。控制断面应选择在功能区与排污口最接近位置,允许保留混合距离或混合区。平流河段选在功能区上边界;感潮河段选在功能区上、下边界;湖泊、水库选在功能区外围边界,排污口常年下风向点可增加控制点;海湾宜选功能区外围边界,水流交换不活跃区可增加控制点。

(4)按功能区范围,计算应控制水域容许纳污量,考虑安全系数后,作为区域允许排污总量负荷指标。允许纳污量的计算,从水质管理需要出发,只需按排污口邻近水域划为保护区的水域范围及水质标准计算。通过水质模型或实测数据建立输入—响应关系,实现对污染源的影响追踪和负荷分配。水质研究的有关内容,如河流水质迁移、转化模拟、河口海湾潮流场、浓度场数值模拟、湖泊水库的湖流与浓度场模拟等,从管理精度要求考虑,与排污口近区水域纳污量计算关系较小时,均可省略。

(5)总量控制指标,应以可实施和区域优化进行分配决策。总量控制指标分配方案确定与实施,可根据投资约束、管理水平等由行政部门直接决策;或使用安全系数、方案比较等方法简化决策过程;也可使用先进规划方法和优化技术进行优化决策,但决策结论应交行政部门进行可实施性论证和方案组合、修正。

**(二)污染物总量控制规划的技术路线**

(1)从水资源质量目标出发,根据水域纳污能力,通过技术、经济可行性分析,优化分配污染负荷,确定切实可行的总量控制方案。

(2)从削减污染物目标出发,结合国家排放标准和地区技术、经济特点,制定并优化污染负荷分配方案,预测对水资源质量的改善前景,决策实施方案。

**(三)污染物总量控制规划的主要阶段**

水资源保护规划的污染物总量控制具体可分以下阶段来进行:

**1. 第一阶段**

第一阶段是确定规划水域的水质目标,该阶段应考虑的主要因素如下:

(1)随着生产的发展、人民生活质量要求的提高和社会文明的进步,而使水质目标和环境质量不断提高。

(2)根据社会、经济发展,确定不同区域各类水域的水体功能。

(3)水资源开发利用需满足可持续发展的要求。

(4)同一使用目标也可能有多级水质指标供选择。

**2. 第二阶段**

第二阶段是建立水质目标与污染源之间的联系,确定排污量与水质状况的定量关系,计算允许排污量,这一步是从水资源质量标准出发制定污染物总量控制的关键,其要点如下:

(1)建立描述江河湖库水质状况的数学模型。
(2)掌握污染源的排放规律(地点、量、质及方式)。
(3)初步给定水质目标,或确定最低水质目标。
(4)计算水域允许纳污能力。
(5)拟定污染物削减计划。

#### 3. 第三阶段

第三阶段是分析达到水质目标可供选择的方法,这一阶段主要包括以下四点内容:

(1)可供选择的治理措施:调节枯水流量、废水处理、管道传输、择段排放、清污分流等。
(2)可供选择的管理措施:相应的水资源保护管理方法、制度、监测体系建立等。
(3)可供选择的规定:国家排放标准、国家或地方地表水环境质量标准。
(4)可供选择的时间和范围:如分期、分级实现目标。

在综合分析上述内容之后,根据不同的水质目标拟定多个总量控制方案。

#### 4. 第四阶段

第四阶段是费用、效益分析。费用分析包括不同水资源保护方案的投资额,以及各种保护治理措施的运转费用等。效益分析包括直接效益的计算,如废物回收、循环用水、节约用水等;间接效益的计算,如下游用水减少的水处理费、渔业资源恢复、生态环境改善、疾病减少、更多外资的引进等。费用、效益分析的详细方法和内容可参阅环境经济方面的文献。

以上阶段完成后,即进入决策阶段,在把全部成果汇总送决策部门后,确定最后方案。

### (四)制定污染物总量控制规划方案的关键

(1)水功能区划定。依据水功能区划分原则,划分功能区并提出其主导功能,进行功能可达性分析,确定保护目标。
(2)设计条件确定。依据设计条件,将随机的、偶然的、多变化特征的自然条件概化为定常的、一定概率特征的特定条件,以便进行水体纳污能力计算。设计条件的范围很广,从流量、流速、水温、排放特征直到 pH 值、达标率等,重要的是设计条件规定的代表性时期、代表性时段、保证率等指标。

(3)模型参数识别。建立排污量与水质目标之间输入响应模型的各类参数,均需由实测值验证、识别,针对要进行总量控制的污染物指标,建立输入响应模型。

(4)开列排放清单。开列排放清单主要是指削减排污量的各种可行方案及技术、经济条件评价清单。总量控制的基点在于削减或控制排污总量,相应制定可行的削减方案和措施。

(5)负荷分配优化技术。在污染源防治技术可行性的基础上,进行区域优化,选择达到水质目标的最优(佳)方案。

### (五)总量控制负荷技术、经济优化分配程序

**1. 污染源可控性技术经济评价**

(1)对控制单元内每一个主要污染源,按照欲控制的污染物,分别开列总量削减方案清单。

(2)优化计算控制单元内排污总量削减与投资的关系曲线。

(3)讨论控制单元内投资与削减率的优化目标。

(4)初步确定本控制单元的目标总量控制建议值。

如系一条河流上的多个控制单元,则可先将各小单元集中考虑,视为一个大控制单元,进行目标总量控制的建议值评价。

**2. 污染物分区削减分担率分配**

污染源可控性技术经济评价提供了总量控制目标的决策信息,各控制单元之间或控制单元内的若干工业小区之间,还应排列优先削减顺序,对小区污染物削减分担率进行优化分配。

(1)将欲考虑的各小区,分别建立小区内污染物削减率与投资关系曲线。

(2)将每一个小区视为一个污染源,自小区污染物削减率与投资关系曲线上截取一个个削减方案及相应的投资,列出清单。

(3)进行区域或控制单元的总体优化,建立大区削减率与投资关系曲线。

(4)大区每确定一个总量削减目标,列出各小区对应的优化分担削减率及投资表。

(5)初步确定不同总量控制目标下各控制单元或各小区优先削减顺序,从而进一步获得需优先重点控制的小区或控制单元信息。

**3. 形成综合整治总量削减方案**

削减目标与分区削减分担率信息是建立在点源治理方案的基础上的，需要结合整治方案再做优化。

（1）将小区内集中处理方案改变排放方式与点源治理方案相结合，建立点源加小区集中处理削减率与投资关系曲线。

（2）将大区内集中处理、截流工程方案改变排放方式等，与点源治理方案相结合，建立点源加大区集中处理削减率与投资关系曲线。

（3）综合区域削减优化目标、小区削减分担率、点源加小区集中处理及点源加大区集中处理的优化信息，初步形成综合整治总量削减的不同建议方案，列出投资与治理项目清单，将污染负荷分配至污染源。

**4. 保护目标可达性及技术经济论证**

（1）建立不同环境目标的容许排污量关系曲线（有条件，还可给出同一环境目标不同达标率的容许排污量曲线）。

（2）以容许排污量为结合点，建立环境目标与投资关系曲线。

（3）根据不同投资水平，确定可实现的环境目标和达标率。

（4）行政决策，方案优化组合。

行政综合部门应综合上述四步的全部信息，根据实施条件，从实际出发，为满足不同目标分别选上述四步中的计算结果，组合出若干方案。这些组合方案不可能全优，有的以环境质量为重，有的以经济能力为重，有的则以整治某一工业区为重。最终的决策方案应兼有优化基础、可供实施两点特征。

**5. 制定综合整治分期实施方案**

方案的优化组合，可为实施污染控制措施和污染负荷分配等提供依据，却不能解决实施时间的分配问题，因为前述优化是假定在同一时间内污染物排放定常条件下进行的。因此，有必要制定分期实施方案。对综合整治方案进行分期的唯一依据，是当地每年的环境投资承受能力，一般是将建设项目"三同时"投资及排污收费中的污染防治费用和企业技术改造投资中可能用于水污染治理的投资，以及城市建设维护费和财政拨款等，经统计测算后，作为方案分期实施的依据。对分期实施方案、开发控制污染方案等均应进行保护目标可达性预测，以便形成环境、技术、经济综合评价结果。

# 第六章 水资源及其保护措施

## 第一节 水资源的形成与特征

水循环是地球上最重要、最活跃的物质循环之一,它实现了地球系统水量、能量和地球生物化学物质的迁移与转换,构成了全球性的连续有序的动态大系统。水循环把海陆有机地连接起来,塑造着地表形态,制约着地球生态环境的平衡与协调,不断提供再生的淡水资源。因此,水循环对于地球表层结构的演化和人类可持续发展都具有重大意义。

由于在水循环过程中,海陆之间的水汽交换以及大气水、地表水、地下水之间的相互转换,形成了陆地上的地表径流和地下径流。由于地表径流和地下径流的特殊运动,塑造了陆地的一种特殊形态——河流与流域。一个流域或特定区域的地表径流和地下径流的时空分布既与降水的时空分布有关,亦与流域的形态特征、自然地理特征有关。因此,不同流域或区域的地表水资源和地下水资源具有不同的形成过程及时空分布特性。

### 一、地表水资源的形成与特征

地表水分为广义地表水和狭义地表水,广义地表水指以液态或固态形式覆盖在地球表面上、暴露在大气的自然水体,包括河流、湖泊、水库、沼泽、海洋、冰川和永久积雪等;狭义地表水则是陆地上各种液态、固态水体的总称,包括静态水和动态水,主要有河流、湖泊、水库、沼泽、冰川和永久积雪等,其中,动态水指河流径流量和冰川径流量,静态水指各种水体的储水量。

地表水资源是指在人们生产生活中具有使用价值和经济价值的地表水,包括冰雪水、河川水和湖沼水等,一般用河川径流量表示。

在多年平均情况下,水资源量的收支项主要为降水、蒸发和径流。水量平衡时,收支在数量上是相等的。降水作为水资源的收入项,决定着地表水资源的数量、时空分布和可开发利用程度。由于地表水资源所能利用的是河流径流量,所以在讨论地表水资源的形成与分布时,重点讨论构成地表水资源的河流资源的形成与分布问题。

降水、蒸发和径流是决定区域水资源状态的三要素,三者数量及其之间的变化关系决定着区域水资源的数量和可利用量。

## (一)降水

### 1. 降雨的形成

降水是指液态或固态的水汽凝结物从云中降落到地表的现象,如雨、雪、雾、雹、露、霜等,其中以雨、雪为主。我国大部分地区,一年内降水以雨水为主,雪仅占少部分。所以,通常说的降水主要指降雨。

当水平方向温度、湿度比较均匀的大块空气即气团受到某种外力的作用向上抬升时,气压降低,空气膨胀,为克服分子间引力需消耗自身的能量,在上升过程中发生动力冷却,使气团降温。当温度下降到使原来未饱和的空气达到了过饱和状态时,大量多余的水汽便凝结成云。云中水滴不断增大,直到不能被上升气流所托时,便在重力作用下形成降雨。因此,空气的垂直上升运动和空气中水汽含量超过饱和水汽含量是产生降雨的基本条件。

### 2. 降雨的分类

按空气上升的原因,降雨可分为锋面雨、地形雨、对流雨和气旋雨。

(1)锋面雨。冷暖气团相遇,其交界面叫锋面,锋面与地面的相交地带叫锋,锋面随冷暖气团的移动而移动。锋面上的暖气团被抬升到冷气团上面去。在抬升的过程中,空气中的水汽冷却凝结,形成的降水叫锋面雨。根据冷、暖气团运动情况,锋面雨又可分为冷锋雨和暖锋雨。当冷气团向暖气团推进时,因冷空气较重,冷气团楔进暖气团下方,把暖气团挤向上方,发生动力冷却而致雨,称为冷锋雨。当暖气团向冷气团移动时,由于地面的摩擦作用,上层移动较快,底层较慢,使锋面坡度较小,暖空气沿着这个平缓的坡面在冷气团上爬升,在锋面上形成了一系列云系并冷却致雨,称为暖锋雨。我国大部分地区在温带,属南北气流交汇区域,因此,锋面雨的影响很大,常造成河流的洪水。我国夏季受季风影响,东南地区多暖锋雨,如长江中下游的梅雨;北方地区多冷锋雨。

(2)地形雨。暖湿气流在运移过程中,遇到丘陵、高原、山脉等阻挡而沿坡面上升而冷却致雨,称为地形雨。地形雨大部分降落在山地的迎风坡。在背风坡,气流下降增温,且大部分水汽已在迎风坡降落,故降雨稀少。

(3)对流雨。当暖湿空气笼罩一个地区时,因下垫面局部受热增温,与上层温度较低的空气产生强烈对流作用,使暖空气上升冷却致雨,称为对流雨。对流雨一般强度大,但雨区小,历时也较短,并常伴有雷电,又称雷阵雨。

(4)气旋雨。气旋是中心气压低于四周的大气涡旋。涡旋运动引起暖湿气团大规模的上升运动,水汽因动力冷却而致雨,称为气旋雨。按热力学性质分类,气旋可分为温带气旋和热带气旋。我国气象部门把中心地区附近地面最大风速达到12级的热带气旋称为台风。

**3. 降雨的特征**

降雨特征常用降水量、降水历时、降水强度、降水面积及暴雨中心等基本因素表示。降水量是指在一定时段内降落在某一点或某一面积上的总水量,用深度表示,以毫米计。降水的持续时间称为降水历时。降水笼罩的平面面积称为降水面积。暴雨集中的较小局部地区,称为暴雨中心。降水历时和降水强度反映了降水的时程分配,降水面积和暴雨中心反映了降水的空间分配。

## (二)径流

径流是指由降水所形成的沿着流域地表和地下向河川、湖泊、水库、洼地等流动的水流。其中,沿着地面流动的水流称为地表径流;沿着土壤岩石孔隙流动的水流称为地下径流;汇集到河流后,在重力作用下沿河床流动的水流称为河川径流。径流因降水形式和补给来源的不同,可分为降雨径流和融雪径流,我国大部分以降雨径流为主。

径流过程是地球上水循环中重要的一环。在水循环过程中,陆地上的降水部分转化为地表径流和地下径流汇入海洋。径流过程又是一个复杂多变的过程,与水资源的开发利用、水环境保护、人类同洪旱灾害的斗争等生产经济活动密切相关。

**1. 径流形成过程及影响因素**

由降水到达地面时起,到水流流经出口断面的整个过程,称为径流形成过程。降水的形式不同,径流的形成过程也各不相同。大气降水的多变性和流域自然地理条件的复杂性决定了径流形成过程是一个错综复杂的物理过程。

降水落到流域面上后,先向土壤内下渗,一部分水以壤中流形式汇入沟渠,形成上层壤中流;一部分水继续下渗,补给地下水;还有一部分以土壤水形式保持在土壤内,其中一部分消耗于蒸发。当土壤含水量达到饱和或降水强度大于入渗强度时,降水扣除入渗后还有剩余,余水开始流动充填坑洼,继而形成坡面流,汇入河槽和土壤中流一起形成出口流量过程。故整个径流形成过程往往涉及大气降水、土壤下渗、壤中流、地下水、蒸发、填洼、坡面流和河槽汇流,是气象因素和流域自然地理条件综合作用的过程,难以用数学模型描述。

为便于分析,一般把径流概化为产流阶段和汇流阶段。产流是降水扣除损失后的净雨产生径流的过程。汇流指净雨沿坡面从地面和地下汇入河网,然后再沿着河网汇集到流域出口断面的整个过程;前者称为坡地汇流,后者称为河网汇流。两部分过程合称为流域汇流过程。

影响径流形成的因素有气候因素、地理因素和人类活动因素。

(1)气候因素。气候因素主要是降水和蒸发。降水是径流形成的必要条件,是决定区域地表水资源丰富程度、时空间分布及可利用程度与数量的最重要的因素。其他条件相同时,降雨强度大、历时长、降雨笼罩面积大,则产生的径流也大。同一流域,雨型不同,形成的径流过程也不同。蒸发直接影响径流量的大小。蒸发量大,降水损失量就大,形成的径流量就小。对于一次暴雨形成的径流来说,虽然在径流形成的过程中蒸发量的数值相对不大,甚至可忽略不计,但流域在降雨开始时土壤含水量直接影响着本次降雨的损失量,即影响着径流量,而土壤含水量与流域蒸发有密切关系。

(2)地理因素。地理因素包括流域地形、流域的大小和形状、河道特性、土壤、岩石和地质构造、植被、湖泊和沼泽等。

流域地形特征包括地面高程、坡面倾斜方向及流域坡度等。流域地形通过影响气候因素间接影响径流的特性,如山地迎风坡降雨量较大,背风坡降雨量小;地面高程较高时,气温低,蒸发量小,降雨损失量小。流域地形还直接影响汇流条件,从而影响径流过程。如地形陡峭,河道比降大,则水流速度快,河槽汇流时间较短,洪水陡涨陡落,流量过程线多呈尖瘦形;反之,则较平缓。

流域大小不同,对调节径流的作用也不同。流域面积越大,地表与地下蓄水容积越大,调节能力也越强。流域面积较大的河流,河槽下切较深,得到的地下水补给就较多。流域面积小的河流,河槽下切往往较浅,因此,地下水补给也较少。

流域长度决定了径流到达出口断面所需要的汇流时间。汇流时间越长,流量过程线越平缓。流域形状与河系排列有密切关系。扇形排列的河系,各支流洪水较集中地汇入干流,流量过程线往往较陡峻;羽形排列的河系,各支流洪水可顺序而下,遭遇的机会少,流量过程线较矮平;平行状排列的河系,其影响与扇形排列的河系类似。

河道特性包括:河道长度、坡度和糙率。河道短、坡度大、糙率小,则水流流速大,河道输送水流能力大,流量过程线尖瘦;反之,则较平缓。

流域土壤、岩石性质和地质构造与下渗量的大小有直接关系,从而影响产流量和径流过程特性,以及地表径流和地下径流的产流比例关系。

植被能阻滞地表水流,增加下渗。森林地区表层土壤容易透水,有利于雨水渗入地下,从而增大地下径流,减少地表径流,使径流趋于均匀。对于融雪补给的河流,由于森林内温度较低,能延长融雪时间,使春汛径流历时增长。

湖泊(包括水库和沼泽)对径流有一定的调节作用,能拦蓄洪水、削减洪峰,使径流过程变得平缓。因水面蒸发较陆面蒸发大,湖泊、沼泽增加了蒸发量,使径流量减少。

(3)人类活动因素。影响径流的人类活动是指人们为了开发利用和保护水资源,达到除害兴利的目的而修建的水利工程及采用的农林措施等。这些工程和措施改变了流域的自然面貌,从而也就改变了径流的形成和变化条件,影响了蒸发量、径流量及其时空分布、地表和地下径流的比例、水体水质等。例如,蓄、引水工程改变了径流时空分布;水土保持措施能增加下渗水量,改变地表和地下水的比例及径流时程分布,影响蒸发;水库和灌溉设施增加了蒸发,减少了径流。

**2. 河流径流补给**

河流径流补给又称河流水源补给。河流补给的类型及其变化决定着河流的水文特性。我国大多数河流的补给主要是流域上的降水。根据降水形式及其向河流运动的路径,河流的补给可分为雨水补给、地下水补给、冰雪融水补给以及湖泊、沼泽补给等。

(1)雨水补给。雨水是我国河流补给的最主要水源。当降雨强度大于土壤入渗强度后,产生地表径流,雨水汇入溪流和江河之中,从而使河水径流得以补充。以雨水补给为主的河流的水情特点是水位与流量变化快,在时程上与降雨有较好的对应关系,河流径流的年内分配不均匀,年际变化大、丰、枯悬殊。

(2)地下水补给。地下水补给是我国河流补给的一种普遍形式。特别是在冬季和少雨、无雨季节,大部分河流水量基本上来自地下水。地下水是雨水和冰雪融水渗入地下转化而成的,它的基本来源仍然是降水,因其经过地下"水库"的调节,对河流径流量及其在时间上的变化产生影响。以地下水补给为主的河流,其年内分配和年际变化都较均匀。

(3)冰雪融水补给。冬季在流域表面的积雪、冰川,至次年春季随着气候的变暖而融化成液态的水,补给河流而形成春汛。此种补给类型在全国河流中所占比例不大,水量有限。但冰雪融水补给主要发生在春季,这时正是我国农业生产上需水的季节,因此,对于我国北方地区春季农业用水有着重要的意义。冰雪融水补给具有明显的日变化和年变化,补给水量的年际变化幅度要小于雨水补给。这是因为融水量主要与太阳辐射、气温变化一致,而气温的年际变化比降雨量年际变化小。

(4)湖泊、沼泽水补给。流域内山地的湖泊常成为河流的源头。位于河流中下游地区的湖泊接纳湖区河流来水,又转而补给干流水量。这类湖泊由于湖面广阔,深度较大,对河流径流有调节作用。河流流量较大时,部分洪水进入湖内,削减了洪峰流量;河流流量较小时,湖水流入干流,补充径流量,使河流水量年内变化趋于均匀。沼泽水补给量小,对河流径流调节作用不明显。

我国河流主要靠降雨补给,在华北、西北及东北的河流虽也有冰雪融水补给,但仍以降雨补给为主,为混合补给。只有新疆、青海等地的部分河流是靠冰川、积雪融水补给,该地区的其他河流仍然是混合补给。由于各地气候条件的差异,上述四种补给在不同地区的河流中所占比例差别较大。

**3. 径流时空分布**

(1)径流的区域分布。受降水量影响,以及地形地质条件的综合影响,年径流区域分布既有地域性的变化,又有局部的变化。我国年径流深度分布的总体趋势与降水量分布一样,由东南向西北递减。

(2)径流的年际变化。径流的年际变化包括径流的年际变化幅度和径流的多年变化过程两方面,年际变化幅度常用年径流量变差系数和年径流极值比表示。影响年径流变差系数的主要因素是年降水量、径流补给类型和流域面积。降水量丰富地区,其降水量的年际变化小,植被茂盛,蒸发稳定,地表径流较丰沛,因此年径流变差系数小;反之,则年径流变差系数大。相比较而言,降水补给的年径流变差系数大于冰川、积雪融水和降水混合补给的年径流变差系数,而后者又大于地下水补给的年径流变差系数。流域面积越大,径流成分越复杂,各支流之间、干支流之间的径流丰枯变化可以互相调节;另外,面积越大,因河川切割很深,地下水的补给丰富而稳定。因此,流域面积越大,其年径流变差系数越小。

年径流的极值比是指最大径流量与最小径流量的比值。极值比越大,径流的年际变化越大;反之,年际变化越小。极值比的大小变化规律与变差系数同步。径流的年际变化过程是指径流具有丰枯交替、出现连续丰水和连续枯水的周期变化,但周期的长度和变幅存在随机性。

(3)径流的季节变化。河流径流一年内有规律的变化叫作径流的季节变化,取决于河流径流补给来源的类型及变化规律。以雨水补给为主的河流,主要随降雨量的季节变化而变化。以冰雪融水补给为主的河流,则随气温的变化而变化。径流季节变化大的河流,容易发生干旱和洪涝灾害。

我国绝大部分地区为季风区,雨量主要集中在夏季,径流也是如此。而西部内陆河流主要靠冰雪融水补给,夏季气温高,径流集中在夏季,形成我国绝大部分地区夏季径流占优势的基本布局。

### (三)蒸发

蒸发是地表或地下的水由液态或固态转化为水汽,并进入大气的物理过程,是水文循环中的基本环节之一,也是重要的水量平衡要素,对径流有直接影响。蒸发主要取决于暴露表面的面积与状况,与温度、阳光辐射、风、大气压力和水中的杂质质量有关,其大小可用蒸发量或蒸发率表示。蒸发量是指某一时段如日、月、年内总蒸发掉的水层深度;蒸发率是指单位时间内的蒸发量。流域或区域上的蒸发包括水面蒸发和陆面蒸发,后者包括土壤蒸发和植物蒸腾。

#### 1. 水面蒸发

水面蒸发是指江、河、湖泊、水库和沼泽等地表水体水面上的蒸发现象。水面蒸发是最简单的蒸发方式,属饱和蒸发。影响水面蒸发的主要因素是温度、湿度、辐射、风速和气压等气象条件。因此,在地域分布上,一般冷湿地区水面蒸发量小,干燥、气温高的地区水面蒸发量大;高山地区水面蒸发量小,平原区水面蒸发量大。

水面蒸发的地区分布呈现出三个特点:①低温湿润地区水面蒸发量小,高温干燥地区水面蒸发量大;②蒸发低值区一般多在山区,而高值区多在平原区和高原区,平原区的水面蒸发大于山区;③水面蒸发的年内分配与气温、降水有关,年际变化不大。

**2. 陆面蒸发**

(1)土壤蒸发。土壤蒸发是指水分从土壤中以水汽形式逸出地面的现象。它比水面蒸发要复杂得多,除了受上述气象条件的影响外,还与土壤性质、土壤结构、土壤含水量、地下水位的高低、地势和植被状况等因素密切相关。

对于完全饱和、无后继水量加入的土壤,其蒸发过程大体上可分为三个阶段:第一阶段,土壤完全饱和,供水充分,蒸发在表层土壤进行,此时的蒸发率等于或接近于土壤蒸发能力,蒸发量大而稳定;第二阶段,由于水分逐渐蒸发消耗,土壤含水量转化为非饱和状态,局部表土开始干化,土壤蒸发一部分仍在地表进行,另一部分发生在土壤内部。此阶段中,随着土壤含水量的减少,供水条件越来越差,故其蒸发率随时间推移逐渐减小;第三阶段,表层土壤干涸,向深层扩展,土壤水分蒸发主要发生在土壤内部。蒸发形成的水汽由分子扩散作用,通过表面干涸层逸入大气,其速度极为缓慢,蒸发量小而稳定,直至基本终止。由此可见,土壤蒸发影响土壤含水量的变化是土壤失水的干化过程,是水文循环的重要环节。

(2)植物蒸腾。土壤中水分经植物根系吸收,输送到叶面,散发到大气中去,称为植物蒸腾或植物散发。由于植物本身参与了这个过程,并能利用叶面气孔进行调节,故是一种生物物理过程,比水面蒸发和土壤蒸发更为复杂,它与土壤环境、植物的生理结构以及大气状况有密切的关系。由于植物生长于土壤中,故植物蒸腾与植物覆盖下土壤的蒸发实际上是并存的。因此,研究植物蒸腾往往和土壤蒸发合并进行。

目前,陆面蒸发量一般采用水量平衡法估算,对多年平均陆面蒸发来讲,它由流域内年降水量减去年径流量而得,陆面蒸发等值线即以此方法绘制而得;除此,陆面蒸发量还可以利用经验公式来估算。

陆面蒸发量的大小不仅取决于热能条件,还取决于陆面蒸发能力和陆面供水条件;陆面蒸发能力可近似的由实测水面蒸发量综合反映,而陆面供水条件则与降水量大小及其分配是否均匀有关。我国蒸发量的地区分布与降水、径流的地区分布有着密切关系,呈现东南向西北有明显递减趋势,供水条件是陆面蒸发的主要制约因素。

一般说来,降水量年内分配比较均匀的湿润地区,陆面蒸发量与陆面蒸发能力相差不大,如长江中下游地区,供水条件充分,陆面蒸发量的地区变化和年际变化都不是很大,陆面蒸发量主要由热能条件控制。但在干旱地区,陆面蒸发量则远小于陆面蒸发能力,其陆面蒸发量的大小主要取决于供水条件。

### 3. 流域总蒸发

流域总蒸发是流域内所有的水面蒸发、土壤蒸发和植物蒸腾的总和。因为流域内气象条件和下垫面条件复杂,要直接测出流域的总蒸发几乎不可能,实用的方法是先对流域进行综合研究,再用水量平衡法或模型计算方法求出流域的总蒸发。

### 4. 干旱指数

干旱指数是表示气候干旱程度的指标,为年水面蒸发量与年降水量的比值。我国干旱指数在地区上的变化范围很大,最小值出现在长江以南、东南沿海,最大值发生在西北干旱地区。干旱指数的地区分布与年降雨量、年径流深的分区具有密切的关系。

## 二、地下水资源的形成与特征

地下水是指存在于地表以下岩石和土壤的孔隙、裂隙、溶洞中的各种状态的水体,由渗透和凝结作用形成,主要来源为大气降水。广义的地下水是指赋存于地面以下岩土孔隙中的水,包括包气带及饱水带中的孔隙水;狭义的地下水则指赋存于饱水带岩土孔隙中的水。地下水资源是指能被人类利用、逐年可以恢复更新的各种状态的地下水。地下水由于水量稳定,水质较好,是工农业生产和人们生活的重要水源。

### (一)岩石孔隙中的水

岩石孔隙中水的存在形式主要为气态水、结合水、重力水、毛细水和固态水。

(1)气态水。气态水以水蒸气状态储存和运动于未饱和的岩石孔隙之中,来源于地表大气中的水汽移入或岩石中其他水分蒸发,气态水可以随空气的流动而运动。空气不运动时,气态水也可以由绝对湿度大的地方向绝对湿度小的地方运动。当岩石孔隙中水汽增多达到饱和时,或是当周围温度降低至露点时,气态水开始凝结成液态水而补给地下水。由于气态水的凝结不一定在蒸发地区进行,因此会影响地下水的重新分布。气态水本身不能直接开采利用,也不能被植物吸收。

(2) 结合水。松散岩石颗粒表面和坚硬岩石孔隙壁面,因分子引力和静电引力作用产生使水分子被牢固地吸附在岩石颗粒表面,并在颗粒周围形成很薄的第一层水膜,称为吸着水。吸着水被牢牢地吸附在颗粒表面,不能在重力作用下运动,故又称为强结合水。其特征为:不能流动,但可转化为气态水而移动;冰点降低至$-78℃$以下;不能溶解盐类、无导电性;具有极大的黏滞性和弹性。

吸着水的外层还有许多水分子亦受到岩石颗粒引力的影响,吸附着第二层水膜,称为薄膜水。薄膜水的水分子距颗粒表面较远,吸引力较弱,故又称为弱结合水。薄膜水的特点是:因引力不等,两个质点的薄膜水可以相互移动,由薄膜厚的地方向薄处转移;薄膜水的密度虽与普通水差不多,但黏滞性仍然较大;有较低的溶解盐的能力。

吸着水与薄膜水统称为结合水,都是受颗粒表面的静电引力作用而被吸附在颗粒表面,它们的含水量主要取决于岩石颗粒的表面积大小,与表面积大小成正比。在包气带中,因结合水的分布是不连续的,所以不能传递静水压力;而处在地下水面以下的饱水带时,当外力大于结合水的抗剪强度时,则结合水便能传递静水压力。

(3) 重力水。岩石颗粒表面的水分子增厚到一定程度,水分子的重力大于颗粒表面对其吸引力,产生向下的自由运动,在孔隙中形成重力水。重力水具有液态水的一般特性,能传递静水压力,有冲刷、侵蚀和溶解能力。从井中吸出或从泉中流出的水都是重力水。重力才是研究的主要对象。

(4) 毛细水。地下水面以上岩石细小孔隙中具有毛细管现象,形成一定上升高度的毛细水带。毛细水不受固体表面静电引力的作用,而受表面张力和重力的作用,称为半自由水。当两力作用达到平衡时,便保持一定高度滞留在毛细管孔隙或小裂隙中,在地下水面以上形成毛细水带。由地下水面支撑的毛细水带,称为支持毛细水。其毛细管水面可以随着地下水位的升降和补给、蒸发作用而发生变化,但其毛细管上升高度保持不变,它只能进行垂直运动,可以传递静水压力。

(5) 固态水。以固态形式存在于岩石孔隙中的水称为固态水,在多年冻结区或季节性冻结区可以见到这种水。

## (二) 地下水形成的条件

### 1. 岩层中含有地下水的储存空间

岩层的空隙性是构成具有储水与给水功能的含水层的先决条件。岩层要构成含水层,首先要有能储存地下水的孔隙、裂隙或溶隙等空间,使外部的水能进入岩层形成含水层。然而,有空隙存在不一定就能构成含水层,如黏土层的孔隙度可达 50% 以上,但其空隙几乎全被结合水或毛细水所占据,重力水很少,所以它是隔水层。透水性好的砾石层、砂石层的孔隙度较大,孔隙也大,水在重力作用下可以自由出入,所以往往形成储存重力水的含水层。坚硬的岩石,只有发育有未被填充的张性裂隙、张扭性裂隙和溶隙时,才可能构成含水层。

空隙的多少、大小、形状、连通情况与分布规律,对地下水的分布与运动有着重要影响。按空隙特性可将其分类为:松散岩石中的孔隙、坚硬岩石中的裂隙和可溶岩石中的溶隙,分别用孔隙度、裂隙度和溶隙度表示空隙的大小,依次定义为岩石孔隙体积与岩石体体积之比、岩石裂隙体积与岩石总体积之比、可溶岩石孔隙体积与可溶岩石总体积之比。

**2. 岩层中有储存与聚集地下水的地质条件**

含水层的构成还必须具有一定的地质条件,才能使具有空隙的岩层含水,并把地下水储存起来。有利于储存和聚集地下水的地质条件虽有各种形式,但概括起来不外乎是:空隙岩层下有隔水层,使水不能向下渗漏;水平方向有隔水层阻挡,以免水全部流空。只有这样的地质条件才能使运动在岩层空隙中的地下水长期储存下来,并充满岩层空隙而形成含水层。如果岩层只具有空隙而无有利于储存地下水的构造条件,这样的岩层就只能作为过水通道而构成透水层。

**3. 岩层中有足够的补给来源**

当岩层空隙性好,并具有储存、聚集地下水的地质条件时,还必须有充足的补给来源,才能使岩层充满重力水而构成含水层。

地下水补给量的变化能使含水层与透水层之间相互转化。在补给来源不足、消耗量大的枯水季节里,地下水在含水层中可能被疏干,这样含水层就变成了透水层;而在补给充足的丰水季节,岩层的空隙又被地下水充满,重新构成含水层。由此可见,补给来源不仅是形成含水层的一个重要条件,而且是决定含水层水量多少和保证程度的一个主要因素。

综上所述,只有当岩层具有地下水自由出入的空间,适当的地质构造条件和充足的补给来源时,才能构成含水层。这三个条件缺一不可,但有利于储水的地质构造条件是主要的。

因为空隙岩层存在于该地质构造中,岩层空隙的发生、发展及分布都脱离不开这样的地质环境,特别是坚硬岩层的空隙,受构造控制更为明显;岩层空隙的储水和补给过程也取决于地质构造条件。

### (三)地下水的类型

按埋藏条件,地下水可划分为四个基本类型:土壤水(包气带水)、上层滞水、潜水和承压水。

#### 1. 土壤水

土壤水是指吸附于土壤颗粒和存在于土壤空隙中的水。

#### 2. 上层滞水

上层滞水是指包气带中局部隔水层或弱透水层上积聚的具有自由水面的重力水,是在大气降水或地表水下渗时受包气带中局部隔水层的阻托滞留聚集而成。上层滞水埋藏的共同特点是:在透水性较好的岩层中央有不透水岩层。上层滞水因完全靠大气降水或地表水体直接入渗补给,水量受季节控制特别显著,一些范围较小的上层滞水旱季往往干枯无水,当隔水层分布较广时可作为小型生活水源和季节性水源。上层滞水的矿化度一般较低,因接近地表,水质易受到污染。

#### 3. 潜水

潜水是指饱水带中第一个具有自由表面的含水层中的水。潜水的埋藏条件决定了潜水具有以下特征:

(1)潜水具有自由表面。由于潜水的上部没有连续完整的隔水顶板,因此具有自由水面,称为潜水面。有时潜水面上有局部的隔水层,且潜水充满两隔水层之间,在此范围内的潜水将承受静水压力,呈现局部承压现象。

(2)潜水通过包气带与地表相连通,大气降水、凝结水、地表水通过包气带的空隙通道直接渗入补给潜水,所以在一般情况下,潜水的分布区与补给区是一致的。

(3)潜水在重力作用下,由潜水位较高处向较低处流动,其流速取决于含水层的渗透性能和水力坡度。潜水向排泄处流动时,其水位逐渐下降,形成曲线形表面。

(4)潜水的水量、水位和化学成分随时间的变化而变化,受气候影响大,具有明显的季节性变化特征。

(5)潜水较易受到污染。潜水水质变化较大,在气候湿润、补给量充足及地下水流畅通地区,往往形成矿化度低的淡水;在气候干旱与地形低洼地带或补给量贫乏及地下水径流缓慢地区,往往形成矿化度很高的咸水。

潜水分布范围大,埋藏较浅,易被人工开采。当潜水补给充足,特别是河谷地带和山间盆地中的潜水水量比较丰富时,可作为工业、农业生产和生活用水的良好水源。

**4. 承压水**

承压水是指充满于上下两个稳定隔水层之间的含水层中的重力水。承压水的主要特点是有稳定的隔水顶板存在,没有自由水面,水体承受静水压力,与有压管道中的水流相似。承压水的上部隔水层称为隔水顶板,下部隔水层称为隔水底板;两隔水层之间的含水层称为承压含水层;隔水顶板到底板的垂直距离称为含水层厚度。

承压水由于有稳定的隔水顶板和底板,因而与外界联系较差,与地表的直接联系大部分被隔绝,所以其埋藏区与补给区不一致。承压含水层在出露地表部分可以接受大气降水及地表水补给,上部潜水也可越流补给承压含水层。

承压水的排泄方式多种多样,可以通过标高较低的含水层出露区或断裂带排泄到地表水、潜水含水层或另外的承压含水层,也可直接排泄到地表成为上升泉。承压含水层的埋藏深度一般都较潜水为大,在水位、水量、水温、水质等方面受水文气象因素、人为因素及季节变化的影响较小,因此富水性较好的承压含水层是理想的供水水源。虽然承压含水层的埋藏深度较大,但其稳定水位都常常接近或高于地表,这为开采利用创造了有利条件。

**(四)地下水循环**

地下水循环是指地下水的补给、径流和排泄过程,是自然界水循环的重要组成部分,不论是全球的大循环还是陆地的小循环,地下水的补给、径流、排泄都是其中的一部分。大气降水或地表水渗入地下补给地下水,地下水在地下形成径流,又通过潜水蒸发、流入地表水体及泉水涌出等形式排泄。这种补给、径流、排泄无限往复的过程即为地下水的循环。

**1. 地下水补给**

含水层自外界获得水量的过程称为补给。地下水的补给来源主要有大气降水、地表水、凝结水、其他含水层的补给及人工补给等。

(1)大气降水入渗补给。当大气降水降落到地表后,一部分蒸发重新回到大气,一部分变为地表径流,剩余一部分达到地面以后向岩石、土壤的空隙渗入,如果降雨以前土层湿度不大,则入渗的降水首先形成薄膜水。达到最大薄膜水量之后,继续入渗的水则充填颗粒之间的毛细孔隙,形成毛细水。到包气带的毛细孔隙完全被水充满时,形成重力水的连续下渗而不断地补给地下水。

在很多情况下,大气降水是地下水的主要补给方式。大气降水补给地下水的水量受到很多因素的影响,与降水强度、降水形式、植被、包气带岩性、地下水埋深等有关。一般当降水量大、降水过程长、地形平坦、植被茂盛、上部岩层透水性好、地下水埋藏深度不大时,大气降水才能大量入渗补给地下水。

(2)地表水入渗补给。地表水和大气降水一样,也是地下水的主要补给来源,但时空分布特点不同。在空间分布上,大气降水入渗补给地下水呈面状补给,范围广且较均匀;而地表入渗补给一般为线状补给或呈点状补给,补给范围仅限地表水体周边。在时间分布上,大气降水补给的时间有限,具有随机性,而地表水补给的持续时间一般较长,甚至是经常性的。

地表水对地下水的补给强度主要受岩层透水性的影响,还与地表水水位与地下水水位的高差、洪水延续时间、河水流量、河水含沙量、地表水体与地下水联系范围的大小等因素有关。

(3)凝结水入渗补给。凝结水的补给是指大气中过饱和水分凝结成液态水渗入地下补给地下水。沙漠地区和干旱地区昼夜温差大,白天气温较高,空气中含水量一般不足,但夜间温度下降,空气中的水蒸气含量过于饱和,便会凝结于地表,然后入渗补给地下水。

在沙漠地区及干旱地区,大气降水和地表水很少,补给地下水的部分微乎其微,因此,凝结水的补给就成为这些地区地下水的主要补给来源。

(4)含水层之间的补给。两个含水层之间具有联系通道、存在水头差并有水力联系时,水头较高的含水层将水补给水头较低的含水层。其补给途径可以通过含水层之间的"天窗"发生水力联系,也可以通过含水层之间的越流方式补给。

(5)人工补给。地下水的人工补给是借助某些工程措施,人为地使地表水自流或用压力将其引入含水层,以增加地下水的渗入量。人工补给地下水具有占地少、造价低、管理易、蒸发少等优点,不仅可以增加地下水资源,还可以改善地下水水质,调节地下水温度,阻拦海水入侵,减小地面沉降。

**2. 地下水径流**

地下水在岩石空隙中流动的过程称为径流。地下水径流过程是整个地球水循环的一部分。大气降水或地表水通过包气带向下渗漏,补给含水层成为地下水,地下水又在重力作用下,由水位高处向水位低处流动,最后在地形低洼处以泉的形式排出地表或直接排入地表水体,如此反复循环过程就是地下水的径流过程。天然状态(除了某些盆地外)和开采状态下的地下水都是流动的。

影响地下水径流的方向、速度、类型、径流量的主要因素有:含水层的空隙特性、地下水的埋藏条件、补给量、地形状况、地下水的化学成分、人类活动等。

地下径流模数是反映地下水径流量的一种特征值,受到补给、径流条件的控制,其数值大小随地区和季节而变化。因此,只要确定某径流面积在不同季节的径流量,就可计算出该地区在不同时期的地下径流模数。

**3. 地下水排泄**

含水层失去水量的作用过程称为地下水的排泄。在排泄过程中,地下水水量、水质及水位都会随之发生变化。

地下水通过泉(点状排泄)、向河流泄流(线状排泄)及蒸发(面状排泄)等形式向外界排泄。此外,一个含水层中的水可向另一个含水层排泄,也可以由人工进行排泄,如用井开发地下水,或用钻孔、渠道排泄地下水等。人工开采是地下水排泄的最主要途径之一。当过量开采地下水,使地下水排泄量远大于补给量时,地下水的均衡就遭到破坏,造成地下水水位长期下降。只有合理开采地下水,即开采量小于或等于地下水总补给量与总排泄量之差时,才能保证地下水的动态平衡,使地下水一直处于良性循环状态。

在地下水的排泄方式中,蒸发排泄仅耗失水量,盐分仍留在地下水中。其他类型的排泄属于径流排泄,盐分随水分同时排走。

地下水的循环可以促使地下水与地表水的相互转化。天然状态下的河流在枯水期的水位低于地下水位,河道成为地下水排泄通道,地下水转化成地表水;在洪水期的水位高于地下水位,河道中的地表水渗入地下补给地下水。平原区浅层地下水通过蒸发并入大气,再降水形成地表水,并渗入地下形成地下水。在人类活动影响下,这种转化往往会更加频繁和深入。

从多年平均来看,地下水循环具有较强的调节能力,存在着年际间的排—补—排—补的周期变化。只要不超量开采地下水,在枯水年可以允许地下水有较大幅度的下降,待到丰水年地下水可得到补充,恢复到原来的平衡状态。这体现了地下水资源的可恢复性。

## 第二节 水资源保护的意义与内容

水资源是基础自然资源,为人类社会的进步和社会经济的发展提供了基本的物质保证。"随着社会精神文明的不断进步,人们已经认识到水污染问题的严重性,我国不断加大水污染的治理力度,兴建水利工程,加强工业废水管理,积极倡导农业绿色种植,通过有效地监管和治理,促进水资源保护工作的落实,确保水资源利用的可持续发展。"[1]

### 一、水资源保护的意义

(1)提高人们的水资源管理和保护意识。水资源开采利用过程中产生的许多水问题,都是由于人类不合理利用以及缺乏保护意识造成的,可以通过让更多的人参与水资源的保护与管理,加强水资源保护与管理教育,以及普及水资源知识,进而增强人们的水法治意识和水资源观念,提高人们的水资源管理和保护意识,自觉地珍惜水,合理地用水,从而可为水资源的保护与管理创造一个良好的社会环境与氛围。

(2)缓解和解决各类水问题。进行水资源保护与管理,有助于缓解或解决水资源开发利用过程中出现的各类水问题,比如通过采取高效节水灌溉技术,减少农田灌溉用水的浪费,提高灌溉水利用效率;通过提高工业生产用水的重复利用率,减少工业用水的浪费;通过建立合理的水费体制,减少生活用水的浪费;通过采取一些蓄水和引水等措施,缓解一些地区的水资源短缺问题;通过对污染物进行达标排放与总量控制,以及提高水体环境容量等措施,改善水体水质,减少和杜绝水污染现象的发生;通过合理调配农业用水、工业用水、生活用水和生态环境用水之间的比例,改善生态环境,防止生态环境问题的发生;通过对供水、灌溉、水力发电、航运、渔业、旅游等用水部门进行水资源的优化调配,解决各用水部门之间的矛盾,减少不应有的损失;通过进一步加强地下水开发利用的监督与管理工作,完善地下水和地质环境监测系统,有效控制地下水的过度开发;通过采取工程措施和非工程措

---

[1] 李福利.基于可持续发展的水资源保护措施[J].农业与技术,2020,40(20):126-127.

施改变水资源在空间分布和时间分布上的不均匀性,减轻洪涝灾害的影响。

(3)保证人类社会的可持续发展。水是生命之源,是社会发展的基础,进行水资源保护与管理研究,建立科学合理的水资源保护与管理模式,实现水资源的可持续开发利用,能够确保人类生存、生活和生产,以及生态环境等用水的长期需求,从而为人类社会的可持续发展提供坚实的基础。

## 二、水资源保护的内容

水资源保护与管理的主要研究内容如下:

(1)水资源含义及特点、水资源量及其分布、水资源的重要性与用途、水资源保护与管理的意义。

(2)水资源开发与利用:水资源开发利用形式、需水量预测、可供水量预测、水资源供需平衡计算与分析。

(3)水资源保护:水资源保护的概念、天然水的组成与性质、水体污染、水质模型、水环境标准、水质监测与评价、水资源保护措施。

(4)水资源优化配置:水资源优化配置内涵、水资源优化配置基本原则、水资源优化配置内容与模型、面向可持续发展的水资源优化配置。

(5)水灾害及其防治:水灾害属性、水灾害类型及其成因、水灾害危害、水灾害防治措施。

(6)节水理论与技术:节水内涵、生活节水、工业节水、农业节水、城市污水回用。

(7)水资源管理:水资源管理的概念、水资源管理的目标、水资源管理的原则、水资源管理的内容、国外水资源管理概况及经验、水资源法律管理、水资源水量与水质管理、水价管理、水资源管理信息系统。

## 第三节 水资源保护的形势、思路与重点

## 一、水资源保护的形势

随着经济社会不断发展,水资源短缺、水生态损害、水环境污染三大新问题越来越突出、越来越紧迫,新老问题相互交织。国家实施生态文明建设

战略,转变治水思路和方式,水资源保护工作面临新的形势。

(1)加强水资源保护和河湖健康保障成为治水管水的核心。工作水资源短缺、水生态损害、水环境污染问题的产生,主要是由于经济社会发展中没有充分考虑水资源、水生态、水环境承载能力,根源在于水资源过度开发利用。为满足人民群众对优质水资源、健康水生态、宜居水环境日益增长的需求,迫切要求把调整人的行为、纠正人的错误行为贯穿始终,把节约用水、水资源保护和河湖健康保障作为解决三大新问题的重要举措,进行系统谋划。

(2)强化河湖水域岸线等水生态空间管控是维护河湖健康的重要基础。以空间规划为基础、以用途管制为手段的国土空间开发保护制度已成为我国重要的生态文明制度。河湖水系是洪水的通道、水资源的载体、生态廊道的重要组成,构成了国土空间的主动脉。划定水生态空间范围,实施空间用途管制,维护水生态空间结构和功能,是解决水资源无序开发、过度开发问题的重要基础。

(3)统筹山水林田湖草系统治理是解决我国水问题的根本途径。山水林田湖草是生命共同体,其中水既是最基本的生态环境要素,也是不可替代的自然资源要素,具有核心的生态服务功能和经济社会支持功能。水犹如人体血液,河流则是经脉,湖泊湿地是肾脏,其任一环节出现问题,就会出现气血亏损不足,或者经脉瘀滞不通等"病症",身体机能和生命活力就会下降。这就要求按照生态系统整体性、流域系统性及其内在规律,统筹生态要素,进行整体保护、系统修复、综合治理。

(4)坚持党政领导、部门协同已成为河湖保护与管理的基本制度保障。目前,以党政领导负责制为核心、强化部门协同联动的河长制湖长制工作格局已基本形成。水利部门应围绕"盛水的盆"和"盆里的水",针对水资源保护的薄弱环节和明显短板,重点在河湖生态流量水量保障、地下水超采治理、饮用水水源地保护、水生态空间管控、河湖综合保护与治理、河湖保护和监管协调机制、标准规范体系等方面加快推进工作。但水资源保护和管理需要自然资源、生态环境、水利、林草等多部门协同合作,必须加强部门统筹协调和协同联动,切实形成工作合力。

## 二、水资源保护的思路

新形势和新要求给我国水资源保护赋予了全新内涵,分析和阐明水资源保护的概念和内涵,并据此明确水资源保护的总体思路是做好水资源保护工作的基本前提。

水作为资源,具有"量"和"质"的基本属性,但与土地、矿产资源不同,水以流域为单元,在自然、人为驱动下具有循环流动性、可再生性和时空分布波动性,水赋存的河湖空间等载体及状况直接关系到"量"和"质"的状况。根据新形势和新要求,水资源保护必须从以往水质保护为主扩展到水质、水量、水生态并重。因此,新时代水资源保护的内涵是:为维护江河湖库水体的水质、水量、水生态功能与资源属性,防止水源枯竭、水体污染和水生态系统恶化,保障水资源可持续利用所采取的技术、经济、法律、行政等措施的总和。

在保护目标上,既要保护水资源的经济功能,又要维护其生态功能,以达到保障水资源可持续利用的目标。

在保护范围上,着眼于水生态系统整体性和流域系统性,既要保护"盆里的水",又要保护"盛水的盆",既要保护地表水,又要保护地下水。

在保护手段上,着眼于维护和促进水生态系统的良性循环,既要强化水资源供、用、耗、排等开发利用管控,使水资源承载能力真正成为刚性约束,又要加强水生态修复、水污染治理、水环境扩容,确保河湖生态环境功能的恢复、维护和提升。

水污染防治是水资源保护的重要组成,两者既有联系又有区别。水污染防治以改善水环境质量为目标,以污染控制和污染源治理为核心。水资源保护以维护水体功能、实现水资源可持续利用为目标,在保护水资源质量的同时,还要维护水资源的数量和水生态系统,一方面根据水资源水环境承载能力提出水资源开发利用和污染物入河总量控制要求,做到防病于未发;另一方面针对水量、水质、水生态问题,系统诊断、分类施策、综合治理,促进江河湖泊健康可持续。

"政府部门、社会企业和个人应共同努力,提高水资源保护效率,促进国民经济和社会的可持续发展,建设资源与环境合理利用的社会。"[①]因此,我国应积极践行节水优先、空间均衡、系统治理、两手发力新时代水利工作方针,紧紧围绕"水利工程补短板、水利行业强监管"水利改革发展总基调,以流域为单元、河湖水系为脉络,以水资源水环境水生态承载能力为刚性约

---

① 刘治华.水资源保护及其可持续利用分析[J].中国资源综合利用,2021,39(12):89—91.

束,采取"保、限、退、减、增、治"等综合措施,推进整体保护和系统治理,强化监测预警能力建设,健全管控制度和机制,促进河湖功能逐步恢复,保障水资源可持续利用。

## (一)坚持保护优先

对水资源禀赋条件较好、水质总体优良、水生态状况良好的河湖水体及所在区域,特别是江河源头区、水源涵养区、生态敏感区、重要饮用水水源地等生态保护区,要按照治"未病"要求,做到优先"保",严格"限"。

优先"保",就是要坚持保护优先、生态优先,实施水源涵养和保护、水土保持、滨河滨湖植被缓冲带以及封育保护等措施,对涉水生态保护红线区按禁止开发区域要求进行管控。

严格"限",就是要落实最严格水资源管理制度,大力推动全社会节水,严格限制对生态影响大的水资源开发利用活动,严格控制和减少入河湖排污总量,严格限制违法违规占用河湖水域岸线、饮用水水源保护区、重要水源涵养区等水生态空间。

## (二)强化分类施策

针对水资源开发利用过度、水污染严重、水生态退化的河湖水体及区域,按照辨证施治的理念,做到逐步"退"、持续"减"、合理"增"、系统"治"。

逐步"退"——主要对地表水资源超载区和地下水超采区,通过优化水资源配置,强化节水及适度引调水等,逐步退还被挤占的生态水量、压减地下水超采量;对侵占河道、围垦湖泊等突出问题开展清理整治,积极推进退田还湖、退养还滩、退耕还湿,逐步归还被挤占的河湖生态空间。

持续"减"——主要对污染问题突出的河湖,统筹水上、岸上污染治理,全面实施控源减污、节水减排,加强中水回用和再生水利用,推进污染物排放总量和入河总量持续削减。

合理"增"——主要对水资源水环境承载能力不足的河湖水域,如水资源严重短缺河湖、富营养化严重湖泊等,根据水资源条件和调配可能性,加强生态流量水量调度,实施必要的河湖生态补水、水系连通、生态修复等工程,提升水体流动性和自净能力。

系统"治"——主要对生态环境问题突出的河湖,统筹山水林田湖草系统治理,推进水污染防治、水环境治理、水生态修复、生态水量保障、水工程生态改造等综合措施,实现水质持续改善、水量基本保障、河湖生态逐步修复。加快推进海绵城市建设,修复城市水生态、增强城市防涝能力。

## 三、水资源保护的重点

(1)全面加强河湖生态流量水量保障。明确河湖生态流量水量确定方法,科学合理确定河湖生态流量水量目标并开展适应性管理。加快制定主要江河流域水量分配方案,将河湖生态水量纳入流域水资源统一配置和管理。编制全国重要河湖生态流量保障方案,制定重点河湖生态流量"一河一策"实施方案并实施监管。出台加强河湖生态流量保障工作的指导意见等。

(2)加快推进地下水超采综合治理。严格地下水利用管控,核定并公布地下水禁采和限采范围。严格地下水年度用水计划管理,实施地下水开采总量和水位双控制。以京津冀地区等地下水超采严重区域为重点,通过采取"一减、一增"综合措施,系统推进地下水超采治理。充分发挥市场机制作用,推进水权水价水资源税改革,为地下水利用管控和超采区治理提供制度保障。

(3)切实加强重要饮用水水源地保护。以列入全国重要水源地名录的水源地为重点,持续推进水源地安全保障达标建设和评估工作。建立健全以党政领导负责制为核心的水源地保护和管理责任体系。开展水源地问题排查和专项检查,建立问题清单和整改销号制度。科学规划、合理布局饮用水水源地和取水口,加强备用水源建设等。

(4)强化河湖水域岸线等水生态空间管控。按照国土空间规划相关要求,编制水利基础设施空间布局专项规划。合理划定水生态空间范围,加强水生态空间用途管制。对涉水生态保护红线区,严禁任意改变用途,制定正面准入清单。对其他涉水空间,按限制开发区进行管控,提出负面准入清单。对河湖空间被挤占、水生态退化区域,有针对性地提出保护、修复、空间置换等管控措施。

(5)分区分类推进河湖综合保护和治理。以全国大江大河干流及主要支流为重点,结合不同功能类型实施差异化保护与修复,建设滨河滨湖植被带和缓冲带,打造绿色生态水系廊道网络。全面完成河湖"清四乱"专项整治,因势利导改造渠化河道,构建整洁美丽、健康自然的河岸线。推进拦河闸坝生态改造,开展绿色水电站认证。对城市内河湖实施污染综合治理、河湖生态整治和亲水平台建设等,提升水景观文化品位。围绕国家发展战略,重点开展京津冀"六河五湖"、长江干流及主要支流、粤港澳大湾区等重要河湖综合保护和系统治理。

(6)构建各部门分工负责、协同联动的保护和监管机制。充分利用河长制湖长制平台,依托流域管理机构综合管理职能,发挥流域生态环境监督管理机构实行水利部和生态环境部双管的优势,建立跨部门、跨区域的水资源保护协调机制。加强流域上下游、各部门之间的协调配合,推进监测站网共建和信息共享,建立水资源水环境承载能力监测预警机制,开展河湖健康评估、绩效评价考核及联合执法监管等。

(7)完善水资源保护相关标准规范体系。按照生态优先、绿色发展的要求,修订完善已颁布的水资源规划、水利水电勘测设计等标准规范,制定河湖生态修复和治理先进适用技术与产品名录。加强新时代水资源保护规划编制思路研究,开展生态水利工程、生态水系廊道保护、水生态空间用途管制、水生态补偿等关键技术研究和试点工作等。

## 第四节　水资源保护的措施

### 一、水资源保护工程措施

水污染防治工程指为防治、保护、改善水环境质量,净化处理工业废水和城市污水而修建的工程,有单元废水处理工程、污水处理系统工程、水系污染防治工程。

#### (一)单元废水处理工程

单元废水处理工程起源于给水处理,其原理是通过一定的处理方法和工程技术设施,对废水中污染物进行分解、分离,将其转化为无害的稳定物质,使水得到净化。起初是为了保障用水安全,防止传染病的暴发流行,修建了以格栅、截留、自然沉降等为主的简易水处理工程。后来,为适应环境保护的需要,出现了依据物理处理原理设计的格栅、沉淀池、沉沙池、斜板沉淀池等工程;依据化学处理原理设计的中和调节池、混凝池等工程;依据物理化学原理设计和制造的废水净化装置(如离子交换装置、电解装置、活性炭吸附装置、臭氧发生装置、次氯酸钠装置等);依据生物净化原理设计的生物转盘、生物滤塔以及采用活性污泥法、生物接触氧化法和射流曝气法设计的净化工程。

### (二)污水处理系统工程

工业及城市的废水成分复杂,只有通过不同处理单元工程组成的水处理系统工程,方能达到预期目的。污水处理系统工程有一级处理工程、二级处理工程和三级处理工程,以及生物塘、氧化沟、土地处理工程等。

(1)一级污水处理工程。一级处理又称预处理。一级处理工程是由格栅、沉淀池、气浮池及输水、排水管网所组成的,用以去除废(污)水中呈悬浮状态的固体污染物质。

(2)二级污水处理工程。二级污水处理工程指由一级处理工程和生物处理工程组成的污水处理系统工程。一级处理工程去除固体污染物,生物处理工程利用微生物去除废水中呈胶体和溶解状态的有机污染物质。生物处理工程现已成为经济发达国家控制水污染、改善水环境质量的主要措施。

(3)三级污水处理工程。三级污水处理工程又称污水深度处理工程,是以污水回用和再次复用为目的而发展起来的、以去除废水中某种特定的污染物质(如氮、磷)的水处理工程。深度处理工程应用活性炭吸附、臭氧氧化、混凝沉淀等方法处理污水。

(4)生物塘处理工程。利用菌藻共生系统处理城市及工业废水的工程。生物塘一般有4种类型:好氧塘、厌氧塘、兼性塘和曝气塘。利用生物塘净化污水,是将几种塘串联组成生物塘处理系统。利用氧化塘处理城镇污水,具有耗能低、造价低、操作简易、管理方便、有机物去除率高等优点,故应用比较广泛。

(5)氧化沟。氧化沟又称循环曝气池,是20世纪50年代开发的一种污水生物处理技术,属活性污泥法的变形工艺。安装曝气装置池体呈环状沟渠。池中独特循环水流状态有利于活性污泥的生物絮凝作用,且可分区为富氧区、缺氧区,是一种具有一定脱氮功能的高效、低耗、易于维护管理的废(污)水处理工艺技术,主要用于城市污水净化处理。

(6)土地处理工程。土地处理工程由预处理、贮水湖、灌溉系统、地下排水工程等组成。土地处理系统利用土壤及其微生物、植物等来净化污水,具有成本低、净化效率高等特点。

### (三)水系污染防治工程

水系污染防治工程是在污染源治理、城市污水处理的基础上,利用水系自净能力，以求得系统的最佳处理效果的系统工程。修建这种工程先要掌握水体的自净能力与河流水文特征参数之间的定量关系，以确定水体可被利用的环境容量；其次，要根据污染源分布状况，确定各河段的污染负荷，修建相应的治污工程（如调节水库、污水库、引水冲污水道、污水处理厂等）。

浙江省杭州市为改善著名旅游胜地西湖的水质，修建了环湖地下排水网，截留城市污水和城市地表径流入湖，并引钱塘江水入湖，以加速水体的变换。

### 1. 污水排海工程

污水排海工程始建于 20 世纪 80 年代，是一种利用海洋环境容量的水处理工程。排海工程一般由泵站、输水管和多孔扩散管组成，排污口选择在离岸 2~8km，稀释比为 100:1。排入海洋的废水需经适当处理，至少需经一级处理，达到排海的水质要求，否则会对海洋产生不良影响。此外，利用江河深处流速快、流量大、扩散能力强的特点，将污水的岸边排放改为深水排放，也是一种控制与改善河流岸边污染的有效措施。

### 2. 污水土地处理

利用土地及其土壤-植物系统对污染物的净化能力，对污水进行处理。土壤是一个处于半稳定状态的物质体系，对外界环境条件变化及外来物质具有缓冲能力。污水通过土壤-植物系统的物理、化学、生物等方面的作用，其中的有害毒物可以得到处理；处理后的水可用以促进农作物、草场或树木正常生长。

(1) 病原微生物的去除。经一至数米的土壤过滤，可去除细菌和病毒，一般肥沃、干燥和具有好气条件的土壤，病原微生物在其中的生存期和残留率比在贫瘠、潮湿和具有厌气条件的土壤中短和小。

(2) BOD(生化需氧量)的去除。大部分有机物在 10~15cm 的表土去除(主要是被异养型微生物氧化降解)。有机物的种类不同，其降解速度也不相同。若污水量或 BOD 负荷超出土壤净化能力，则难降解的有机物易累积，并产生硫化亚铁沉淀，堵塞土壤孔隙，降低净化能力。

(3) 氮和磷的去除。污水中的氮包括有机氮、氨氮、硝酸盐氮和亚硝酸盐氮。有机氮容易氧化为其他形式的氮；好气的亚硝酸盐氮可氧化为硝酸盐氮，通过作物吸收或反硝化作用去除；厌气的硝态氮(10%~80%)经反硝化作用还原为亚硝酸盐氮，最后转化为氮气。污水中的磷以正磷酸形式存在。在酸性条件下磷形成磷酸铝、铁沉淀，在碱性环境中磷形成磷酸钙沉淀,并通过植物吸收等途径去除。

(4)微量有毒物的去除。二级处理出水的氯化烃类、有机氯、有机磷和有机菜农药、多氯联苯、酚化物等有机毒物,其浓度远低于 1mg/L,通过土壤胶体吸附、植物摄取、微生物降解、化学破坏和挥发等可有效去除。

(5)重金属的去除。微量重金属的去除以吸附作用为主;常量重金属以沉淀作用为主。去除的主要方式有:①层状硅酸盐以表面吸附或以形成表面络合离子穿入晶格和离子交换等方式吸附;②不溶性铁、铝、锰的水合氧化物的吸附;③腐殖质酸对镉、汞等重金属的吸附;④形成金属氧化物或氢氧化物沉淀;⑤植物和微生物摄取和固定。

### 3. 污水资源化

污水是人类生产生活产生的废弃物质,污水资源化可以使污水重新具有使用价值和经济价值。污水中的污染物质如不经处理而排入水体,就会造成水污染;采用适当工艺进行处理,将其中有用物质加以回收利用,可减轻或消除污染,处理后的水可按其水质状况重新使用。

水的用途不同,水质要求也不相同,某些部门的污水可用作另一部门的水质要求较低的水源。有的污水可直接回用,有的则需经过适当再生处理。污水回用,节约了用水量,也减轻了对水体的污染,在水资源短缺的地区具有重要应用价值。目前多采用部分回用结合补充少量新鲜水的方法,水的回用及再生程度主要取决于供水成本、水质要求、将工业废水处理成符合回用水水质标准的可行性、废水处理费用及排污费用等。

污水主要有以下用途:

(1)用作低质水源。目前经处理的工业废水主要用于取代新鲜水作为低质水源,如用作火力发电厂的冷却水、炼铁高炉中冷却水、石油化工企业中一些敞开式循环系统的循环水等。在石油开采中回用水还可用作油井注入水。

(2)用于灌溉。生活污水含有大量氮、磷等营养物质,其他重金属及农药等有毒有害物质浓度较低,用作农田灌溉用水时,一般不需处理或仅需进行初级处理,污水中氮、磷等可作为农作物的养料。污水经土壤表层颗粒的吸附过滤及土壤中微生物的作用而得到净化。某些工业废水经处理后,也可用于农田灌溉。美国和墨西哥等国还将二级处理的工业废水用于公园及风景区等公共设施区的灌溉。

(3)用于养殖水生生物。污水中营养物质可促进鱼类等水生物生长,但应避免重金属、农药等的有害作用;控制污水营养物浓度,不使水体中藻类过度繁殖,影响鱼类等水生物的正常生长。

(4)从污水中回收有用物质。采用电渗析法和离子交换法,可成功地用于各种电镀液中重金属的回收。例如,用醋酸纤维膜进行反渗透处理,可去除99%的镍。在屠宰厂及肉类加工厂废水中加入木质素磺酸钠,然后用溶气浮选法可有效回收蛋白质。近来由于生物工程技术的发展,微生物繁殖回收蛋白质技术得到了较快的发展。此外,用离心分离-高温裂解法可从羊毛洗涤污水中回收羊毛油脂;用压气发酵法可从食品加工废水中回收沼气;用气化法可回收酸洗废液中的盐酸等。

处理后的污水还可用于地下水回灌;用作不与人体直接接触的水源(如冲洗厕所和消防的水源)、旅游水源(如钓鱼、划船)等。

## 二、水资源保护法规与管理措施

水资源质量下降的一个很大的原因是管理不善。从我国实际情况来看,有的地方实行"堵河造地""围湖造田""移山填湖"以开垦新田,导致江、河、湖、库面积日益缩小,水生态破坏非常严重;有的河流,一方面被确定为饮用水水源地,另一方面又在上游附近兴建排污口;有的地方在饮用水源湖、库大力开展旅游业,修筑了许多别墅、疗养院和游乐场,许多污水、废物排入水体,造成严重污染。以上种种是因为人们对保护水资源的重要性认识不清所致。为了更好地保护水资源,必须加强水资源保护意识,认真管理,以确保水功能区水质目标的实现,为社会经济可持续发展服务。

为确保水资源的合理开发利用、国民经济的可持续发展及人民生活水平的不断提高,必要的法律法规措施和管理措施是非常重要的,也是非常关键的。

### (一)水资源保护立法

我国在水资源和水环境保护立法方面取得了巨大的进展,一系列与水资源保护有关的法律文件使我国的水资源管理与保护有法可依,使水资源保护与管理走上了法治化的轨道。我国的水污染防治法突出体现了以下方面的内容:

(1)水资源的保护已正式纳入国家计划和经济管理的项目中来,在制定和审批经济发展计划时,相应的水资源保护措施必须联系到每一个环节,应全面考虑防治水污染的方法和对策。

(2)地下水资源的保护始终要贯彻以防为主、全面规划、合理布局的原则,在制定城乡发展规划时,应把环境目标、指标、措施作为一个整体列入规划。总体规划方案应立足于当地的自然条件、经济条件和环境影响评价。

(3)在水资源保护过程中,严格执行奖励与惩罚相结合的原则,这是调动地方和企业治理污染的积极性、加快治理步伐的重要途径,同时也是促进增产节约的一项重要经济政策。

(4)水污染防治必须贯彻责任制,制造污染事故单位应自己主动治理,不能把污染所造成的问题和严重后果转嫁给社会或其他单位、企业。对违反水资源保护法的单位和行为必须依法追究,并应由其承担行政责任、经济责任及刑事责任。

(5)水资源保护关系到每个人的生命安全和日常生活问题,保证人民享有舒适的自然环境和高质量的供水是符合全民利益的决策,因此防止水资源污染是每个公民的义务和权利,人人都有责任为保护和改善水资源做出努力。

### (二)水资源保护法律法规管理措施

水资源保护工作必须有许多法律法规与之配套,才能使保护规划得以实施。水资源保护的法律法规措施应从四个方面考虑:一是建立和完善水资源保护管理体制和运行机制;二是运用经济杠杆作用;三是加强水资源保护政策法规的建设;四是依法行政,建立水资源保护法规体系和执法体系,并进行统一监督与管理。

### (三)实施流域水资源的统一管理

流域水资源管理与污染控制是一项庞大的工程,必须从流域、区域和局部的水质、水量综合控制、综合协调和整治才能取得较为满意的效果。

我国对流域、区域综合防治水污染的技术政策给予明确规定,其主要内容如下:

(1)水污染综合防治是流域、区域总体开发规划的组成部分。水资源的开发利用,要按照"合理开发、综合利用、经济保护、科学管理"的原则,对地表水、地下水和污水资源化统筹考虑,合理分配和长期有效地利用水资源。

(2)制定流域、区域的水质管理规划并纳入社会经济发展规划。制定水质管理规划时,对水量和水质必须统筹考虑,应根据流域、区域内的经济发展、工业布局、人口增长、水体级别、污染物排放量、污染源治理、城市污水处理厂建设、水体自净能力等因素,采用系统分析方法,确定出优化方案。在流域、区域水资源规划中,应充分考虑自然生态条件,除保证工农业生产和人民生活等用水外,还应保证在枯水期为改善水质所需要的环境用水。特别是在江河上建造水库时,除应满足防洪、发电、城市供水、灌溉、水产等特定要求外,还应考虑水环境的要求,保证坝下最小流量,维持一定的流态,以改善水质、协调生态和美化环境。

(3) 重点保护饮用水水源,严防污染。对作为城市饮用水水源的地下水及输水河道,应分级划定水源保护区。在一级保护区内,不得建设污染环境的工矿企业、设置污水排放口、开辟旅游点以及进行任何有污染的活动。在二级保护区内,所有污水排放都要严格执行国家和地方规定的污染物排放标准和水体环境质量标准,以保证保护区内的水体不受污染。

(4) 厉行计划用水、节约用水的方针。加强农业灌溉用水的管理,完善工程配套,采用渠道防渗或管道输水等科学的灌溉制度与灌溉技术,提高农业用水的利用率。重视发展不用水或少用水的工业生产工艺,发展循环用水、一水多用和废水回收再用等技术,提高工业用水的重复利用率。在缺水地区,应限制发展耗水量大的工业和农作物种植面积,积极发展节水型的工农业。

(5) 流域、区域水污染的综合防治,应逐步实行污染物总量控制制度。对流域内的城市或地区,应根据污染源构成特点,结合水体功能和水质等级,确定污染物的允许负荷和主要污染物的总量控制目标,并将需要削减的污染物总量分配到各个城市和地区进行控制。

(6) 根据流域、区域水质管理规划,允许排入污水的江段(河段)应按受纳水体的功能、水质等级和污染物的允许负荷确定污水排放量和污水排放区。污水排放区应选择水文、水力和地质条件以及稀释扩散好的水域,对其污水排放口和排放方式的设计,应进行必要的水力试验。特别是对重要水体,应以水力扩散模型为依据进行设计,防止形成岸边污染带和对水生生态造成不良影响。

(7) 对较大的江河,应根据水体的功能要求划定岸边水域保护区,规定相应的水质标准,在保护区内必须限制污水排放量。对已经形成岸边污染带的江段,应对排放口的位置及排放方式进行调整和改善,或采取其他治理措施,使岸边水域达到规定的水质标准。

(8) 位于城市或工业区附近已被污染的河道,应通过污染源控制、污水截流与处理、环境水利工程等措施,使河流水质得到改善。对已变成污水沟的河段,要通过污染源调查及制订综合治理规划,分期分批进行治理。

(9)根据湖泊、水库不同的功能要求和水质标准,采取措施防止富营养化的发生和发展。对已受污染的湖泊、水库,在有条件的地区,可采用调水方法降低单位容积的纳污量,或通过污水截流和处理等技术措施,达到消除污染的目的。对已处于中等营养状态的湖泊、水库,应严格控制氮、磷的入湖、入库量,并对湖泊、水库内的水环境进行综合治理。

(10)以地下水为生活饮用水源的地区,在集中开采地下水的水源地、井群区和地下水的直接补给区,应根据水文地质条件划定地下水源保护区。在保护区内禁止排放废水,堆放废渣、垃圾和进行污水灌溉,并加强水土保持和植树造林,以增加和调节地下水的补给。

(11)防治地下水污染应以预防为主。在地下水水源地的径流、补给和排泄区应建立地下水动态监测网,对地下水的水质进行长期连续监测,对地下水的水位、水量应进行定期监测,准确掌握水质的变化状况,以便及时采取措施,消除可能造成水质恶化的因素。对地下水水质具有潜在危害的工业区应加强监测。

(12)保护地下水资源,打井应有统一规划,禁止乱打井,防止过量开采地下水;地下水资源不足的地区,地下水的使用应首先满足生活饮用水的需要。

(13)地下水受到污染的地区,应认真查明环境水文地质条件,确定污染的来源及污染途径,及时采取控制污染的措施与治理对策,如消除污染源、切断污染途径、人工回灌、限制或禁止开采等。

(14)已形成地下水降落漏斗的地区,特别是深层地下水降落漏斗地区及海水入侵、地面沉降、岩溶塌陷等地区,应严格控制或禁止开采地下水,支持和鼓励有条件的地区利用拦蓄的地表水或其他清洁水进行人工回灌,以调蓄地下水资源。

(15)控制农业面源污染。合理使用化肥,积极发展生态农业;研究和使用高效、低毒、低残留的农药,并发展以虫治虫、以菌治虫等生物防治病虫害技术,以防止和减少农药(包括农田径流)对水体的污染。

此外,各大水系应建立水资源管理与保护的各种委员会及其下属的水资源保护与管理的分支机构,具体负责流域范围内的水环境和水资源的开发利用、保护与管理。

# 第七章 水资源的修复与保护新技术

## 第一节 水资源的修复技术

### 一、环境修复的界定

**（一）环境修复的解读**

修复本来是工程上的一个概念，是指借助外界作用力使某个受损的特定对象部分或全部恢复到初始状态的过程。严格说来，修复包括恢复、重建、改建等三个方面的活动。恢复是指使部分受损的对象向原初状态发生改变；重建是指使完全丧失功能的对象恢复至原初水平；改建则是指使部分受损的对象进行改善，增加人类所期望的"人造"特点，减小人类不希望的自然特点。环境修复可以从以下三个方面来理解：

(1)界定污染环境与健康环境。环境污染实质上是任何物质或者能量因子的过分集中，超过了环境的承载能力，从而对环境表现出有害的现象。故污染环境可定义为任何物质过度聚集而产生的质量下降、功能衰退的环境。与污染环境相对的就是健康环境。最健康的环境就是有原始背景值的环境。但当今地球上似乎难以找到一块未受人类活动影响的"净土"。即使人类足迹罕至的南极、珠穆朗玛峰，也可监测到农药的存在。因此，健康环境只是相对的，特指存在于其中的各种物质或能力都低于有关环境质量标准。

(2)界定环境修复和环境净化。环境有一定的自净能力。当有污染物进入环境时，并不一定会引起污染。只有当这些物质或能量因子超过了环境的承载能力才会导致污染。环境中有各种各样的净化机制，如稀释、扩散、沉降、挥发等物理机制，氧化还原、中和、分解、离子交换等化学机制，有机生命体的代谢等生物机制。这些机制共同作用于环境,致使污染物的数量或性质向有利于环境安全或健康的方向发生改变。

环境修复与环境净化之间既有共同的一面,也有不同的一面。它们两者的目的都是使进入环境中的污染因子的总量减少或强度降低或毒性下降。但环境净化强调的是环境中内源因子作用的过程,是自然的、被动的一个过程。而环境修复则强调人类有意识的外源活动对污染物质或能量的清除过程,是人为的、主动的过程。

(3)界定环境修复与"三废"治理。传统"三废"治理强调的是点源治理,需要建造成套的处理设施,在最短的时间内以最高效的速度使污染物无害化、减量化、资源化和能源的回收利用。环境修复强调的是面源治理,即对人类活动的环境(面源)进行治理。环境修复和"三废"治理都是控制环境污染,只不过"三废"治理属于环境污染的产中控制,环境修复属于产后控制,而污染预防则属于产前控制。它们三者共同构成污染控制的全过程体系,是可持续发展在环境中的重要体现。

**(二)环境修复的类型**

依照环境修复的对象分,可分为土壤环境修复、水体环境修复、大气环境修复和固体废弃物环境修复等。其中水体环境包括湖泊水库、河流和地下水。

依照污染物所处的治理位置分,可分为原位修复和异位修复。其中,原位修复指在污染的原地点采用一定的技术措施修复;异位修复指移动污染物到污染控制体系内或邻近地点采用工程措施进行。异位生物修复具有修复效果好但成本高昂的特点,适合于小范围内、高污染负荷的环境对象。而原位修复具有成本低廉但修复效果差的特点,适合于大面积、低污染负荷的环境对象。将原位生物修复和异位修复相结合,便产生了联合生物修复;它能扬长避短,是当今环境修复中应用较普遍的修复措施。

依照环境修复的方法与技术手段分,分为物理修复、化学修复、生物修复和生态修复。"生态修复是生态文明建设与环境保护的重要内容,同时也是环境保护产业的一项重要内容。"[1]随着科学技术的发展,环境修复的理论研究不断深入,工程技术手段也不断更新,形成了目前物理、化学、生物、工程多种方法共存的局面,并有由物理化学方法向生物方法发展的趋势。

---

[1] 牟广丰.江河水资源保护与生态修复[J].中国环境监察,2019(01):27-28.

## 二、水环境修复的基础原理

### (一)水环境修复的目标

水环境修复技术是利用物理的、化学的、生物的和生态的方法减少水环境中有毒有害物质的浓度或使其完全无害化,使污染了的水环境能部分或完全恢复到原始状态的过程。

在水污染严重、水资源短缺的西藏地区,水作为环境因子,逐渐成为威胁和制约社会经济可持续发展的关键性因素。因此,水体修复的目标是在保证水环境结构健康的前提下,满足人类可持续发展对水体功能的要求,用水包括饮用水、生态环境用水、工业用水、农业用水等。具体的目标包括以下内容:

(1)水质良好,达到相应用水质量标准的要求,是人类和生物所必需的。

(2)水生态系统的结构和功能的修复,也包括生态系统组分的所有生物因素。

(3)自然水文过程的改善、水域形态特征的改变等。

水环境修复所遵循的原则不同于传统的环境工程学。在传统环境工程领域,处理对象能够从环境中分离出来,例如废水或者废弃物,需要建造成套的处理设施,在最短的时间内,以最快的速度和最低的成本将污染物净化去除。而水环境功能在水环境修复领域,所修复的水体对象是环境的一部分,不可能建造能将整个修复对象包容进去的处理系统。如果采用传统治理净化技术,即使对于局部小系统的修复,其运行费用也将是天文数字。在水环境修复的过程中,需要保护周围的环境。

### (二)水环境修复的原则

生态工程、化学、生物学、毒理学、地理信息和分析监测等,需要将环境因素融入技术中。水环境修复的基本原则如下:

(1)遵循自然规律原则。立足于保护生态系统的动态平衡和良性循环,坚持人与自然的和谐相处;要针对造成水生态系统退化和破坏的关键因子,提出顺应自然规律的保护与修复措施,充分发挥自然生态系统的自我修复能力。

(2)最小风险的最大效益原则。在对受损水生态系统进行系统分析、论证的基础上,提出经济可行的保护与修复措施,将风险降到最低程度。同时,还应尽力做到在最小风险、最小投资的情况下获得最大效益,包括经济效益、社会效益和环境效益。

(3)保护水生态系统的完整性和多样性原则。不仅要保护水生态系统的水量和水质,还要重视对水土资源的合理开发利用、工程与生态措施的综合运用。

(4)因地制宜的原则。水生态系统具有独特性和多样性,保护措施应具有针对性,不能完全照搬其他地方成功的经验。

### (三)水环境修复的内容

水环境修复的基本内容包括现场调查和设计。

水环境现场调查包括:对修复现场进行科学调查,确定水环境污染现状,包括污染区域位置、大小、污染区域特征、形成历史、污染变化趋势和程度等。除了上述之外,还需调查外部污染源范围和类型、内在污染源变化规律、积泥土壤环境形态和性质、水动力学特征等。

水环境修复设计原则为:①制定合理的修复目标以及遵循有关法律法规;②明确设计概念思路,比较各种方案;③现场调研;④考虑操作、维修、公众的反应、健康和安全问题;⑤估算投资、成本和时间等限制,结构施工容易程度以及编制取样检测操作维修手册等。

水环境修复主要设计程序为:①项目设计计划:综述已有的数据和结论;确定设计目标;确定设计参数指标;完成初步设计;收集现场信息;现场勘察;列出初步工艺和设备名单;完成平面布置草图;估算项目造价和运行成本。②项目详细设计:重新审查初步设计;完善设计概念和思路;确定项目工艺控制过程;详细设计计算、绘图和编写技术说明相关设计文件;完成详细设计评审。③施工建造接收和评审投标者并筛选最后中标者;提供施工管理服务;进行现场检查。④系统操作,编制项目操作和维修手册;设备启动和试运转。⑤验收和编制长期监测计划。

## 三、水环境修复的方法

目前,水环境污染控制与修复的方法主要有四类:化学修复、物理修复、生物修复和生态修复。

## (一)化学修复

化学修复是根据水体中主要污染物的化学特征,采用化学方法进行修复,改变污染物的形态(如化学价态、存在形态等),降低污染物的危害程度。化学修复见效快、成本高、有效期短、需反复投加,易产生二次污染,且不能从根本上解决问题,通常适用于突发性水污染或小范围严重水污染的修复。

(1)投絮凝剂。借助絮凝剂如铁盐、铝盐等的吸附或絮凝作用与水体中无机磷酸盐共沉淀的特性,降低水体富营养化的限制因子磷的浓度,控制水体的富营养化。同时,铝盐能够形成氢氧化铝沉淀,在沉积物表层形成"薄层",阻止沉积磷的释放。

(2)投除藻剂。常用的除藻剂主要有硫酸铜、高锰酸盐、硫酸铝、高铁酸盐复合药剂、液氯等。其中,由于蓝藻对硫酸铜特别敏感。因此,含铜类药剂是研究和应用较早和较多的杀藻药品。但是由于化学杀藻剂仅能在短时间内对水体中藻类有控制作用,需要反复投加除藻剂,成本增加,且只治标不治本。同时,死亡的藻体仍保留存在水体中,不断释放藻毒素,其分解消耗大量氧气。此外,杀藻剂本身往往对鱼类及其他水生生物产生毒副作用,造成二次污染。因此,投加杀藻剂需要科学评估其风险,除非应急和健康安全许可,一般不宜采用。

(3)投除草剂。除草剂是控制水草疯长的有效途径。目前大部分除草剂在推荐的使用浓度下都有良好的除草效果,而对其他鱼类、无脊椎动物和鸟类毒性低微,在食物网中也无残留作用。有时只在水草堵塞的水体使用除草剂。但除草剂也有潜在的水质问题,如杀死的水草腐败耗氧,释放营养物质等。如果选择颗粒状除草剂,在水草长出之前就撒入水中,可避免发生这种现象。有的除草剂或其降解产物对鱼类或鱼类饵料生物有毒。

## (二)物理修复

水体功能受损的主要特征是水体富营养化,即水环境中氮磷等营养物质浓度高,可能导致水体藻类疯长、溶解氧下降、浊度增加、透明度下降、水质劣化、变黑变臭等,进而导致水生态系统崩溃。目前,国内外在水环境修复中所采用的主要物理措施有稀释/冲刷、曝气、机械/人工除藻、底泥疏浚等。物理修复方法效果明显,见效也快,不会给水体带来二次污染,但是没有改变污染物的形态,未能从根本上解决水环境污染问题。因此,物理修复通常和其他修复方法联合应用,相互弥补缺点,以达到最好的处理效果。

### 1. 稀释/冲刷

稀释和冲刷是采用向污染的河道或湖泊水体注入未受污染的清洁水体,以达到降低水体中营养盐浓度、将藻类冲出水体的目的,是经常搭配使用的常用技术之一。

稀释包括了污染物浓度的降低和生物量的冲出,而冲刷仅仅指生物量的冲出。对于稀释来说,稀释水的浓度必须低于原水,且浓度越低,效果越好。

对于冲刷来说,冲刷速率必须足够大,使得藻类的流失速率大于其生长繁殖速率。这种技术可以有效降低污染物的浓度和负荷,减少水体中藻类的浓度,加快污染水体流动,缩短换水周期,提升水体自净功能,提高水环境承载力。

此外,水体稀释与冲刷还能够影响到污染物质向底泥沉积的速率。在高速稀释或冲刷过程中,污染物质向底泥沉积的比例会减小。但是,如果稀释速率选择不当,水中污染物浓度可能不降反升。

### 2. 曝气

污染水体在接纳大量需氧有机污染物后,有机物降解将造成水体溶解氧浓度急剧降低。同时,由于藻类的疯长,消耗大量的氧气导致水体表层以下呈厌氧状态。溶解氧浓度低甚至厌氧状态导致溶解盐释放,硫化氢、硫醇等恶臭气体产生,使水体变黑变臭。曝气是通过曝气设备将空气中的氧强制向水体中转移的过程。曝气法可以增加本区域和下游水体中的溶解氧含量,避免水生物的缺氧死亡,改善水生生物的生存环境,提高水环境的自净能力,有效限制底层水体中磷的活化和向上扩散,从而限制浮游藻类的生产力。目前,经常采用橡胶坝、太阳能曝气泵等实现富氧的目的。

### 3. 机械/人工除藻

利用机械/人工方法收获水体中的藻类,可有效减轻局部水华灾害,增加营养物的输出量,减轻藻体死亡分解引起的藻毒素污染及耗氧,起到标本兼治的作用。

人工打捞藻类是控制蓝藻总量最直接的方式。目前,在太湖、巢湖、滇池仍有采用人工打榜的方式除藻,由于人工打捞收集手段落后,时间有限,导致效率低、费用高。机械除藻一般应用在蓝藻富集区(借助风向、风力等将蓝藻围栏集中在某一区域),采用固定式除藻设施和除藻船对区域内湖水进行循环处理,有效清除浮藻层,为化学或生物除藻等措施的实施创造条件。

除此之外,可采用投加絮凝剂和机械除藻相结合的方式,如投加蓝藻专用复合絮凝剂,利用絮凝反应器使藻浆与絮凝剂充分混合并形成絮体;在重力浓缩段,利用蓝藻絮体自身重力脱去游离水;在压滤段,利用竖毛纤维的附着性及机械力的挤压使蓝藻絮体中的水分充分脱去,最终形成块状藻饼。

**4. 底泥疏浚**

底泥是水体中氮磷类营养物质重要的源和汇。当水体中氮磷类营养物质浓度降低、水温升高或 pH 值变化时,底泥中的氮磷类营养盐大量释放到水体中,造成水体的二次污染。底泥中磷的释放对水体中磷浓度补充是不可忽略的来源。底泥疏浚能够去除底泥中所含的污染物,清除水体内源污染,从而改善水质、提高水体环境容量、促进水生生态环境的恢复,有利于水资源的开发、美化和创造旅游开发环境,产生较大的环境效益、社会效益和经济效益。

环境疏浚与工程疏浚不同。前者旨在清除水体中的污染底泥,并为水生生态系统的恢复创造条件,同时还需要与湖泊综合整治方案相协调;后者则主要为某种工程的需要(如流通航道、增容等)而进行的。

底泥疏浚分为干式疏浚和带水疏浚。前者在小型河流中应用为主,在实际中应用有限,后者因疏后精度高、减少对水体干扰、减少二次污染等优点而得到广泛采用。目前,最先进的环保式底泥疏浚设备是绞吸式挖泥船,其管道在泥泵的作用下吸起表层沉积物并远距离输送到陆地上的堆场。但底泥疏浚要注意两点:①底泥深层疏浚、疏浚量在 60%~80% 为宜,将挖泥行动对底泥表层的干扰(这是由于底泥表层是底栖生物的聚集区)降至最低;②疏浚过程中保证水体清澈透明,要定期进行监测。

**(三)生物修复**

生物修复是利用培育的植物或培养、接种的微生物的生命活动对水中污染物进行转移、转化及降解,从而使水体得到净化的技术。生物修复强调人类有意识地利用动物、植物和微生物的生命代谢活动使水环境得到净化。而与生物修复概念相近的生物净化强调的是自然环境系统利用本身固有的生物体进行的环境无害化过程,是一种自发的过程。与现代物理、化学修复方法相比,生物修复具有污染物可在原地降解、就地处理、操作简便、经济适用、对环境影响小、不产生二次污染等优点而成为水环境修复中最活跃的生长点之一。

针对水污染环境的生物修复常用的方法包括微生物修复、植物修复和动物修复等。在采用生物修复过程中,需要注意:①优先选择土著生物,避免外来种入侵的风险;②选择经济、美观、生物量大、快速生长、耐性强的生物;③需要管理,包括收获及处理等。

**1. 微生物修复**

利用多种土著微生物或工程菌菌群混合后制成微生物水剂、粉剂、固体剂。向水体中投加微生物制剂,微生物与水中的藻类竞争营养物质,从而使藻类缺乏营养而死亡。微生物修复工程中以应用土著微生物为主,因为其具有巨大的生物降解潜力,不涉及外来种入侵问题,但接种的微生物在污染水体中难以持续保持高活性。而工程菌针对污染物处理效果好,但受到诸多政策限制,出于安全的考虑,应用要慎重。目前,克服工程菌安全问题的方法是让工程菌携带一段"自杀基因",使其在非指定环境中不易生存。生物制剂的选择要考察气候条件、具体的水文水质条件等因素的影响,且需定期投放。

(1)CBS菌剂。CBS是集中式生物系统的简称,目前已广泛应用到水环境治理中。CBS是由几十种具备各种功能的微生物组成的良性循环的微生物生态系统,主要包括光合菌、乳酸菌、放线菌、酵母菌等构成功能强大的"菌团"。CBS的作用原理是利用其含有的微生物唤醒或者激活河道中、污水中原本存在的可以自净的、但被抑制而不能发挥其功效的微生物。通过它们的迅速增殖,强有力地钳制有害微生物的生长和活动。同时,CBS系统利用向水体河道喷洒生物菌团使淤泥脱水,实现泥水分离,然后再消灭有机污染物,达到硝化底泥、净化水资源的目的。

(2)EM菌剂。EM为高效复合微生物菌群的简称,是由5科10属80多种有益微生物经特殊方法培养而成的多功能微生物菌群。EM菌群在其生长过程中能迅速分解污水中的有机物,同时依靠相互间共生增殖及协同作用,代谢出抗氧化物质,生成稳定而复杂的生态系统,抑制有害微生物的生长繁殖,激活水中具有净化水功能的原生动物、微生物及水生植物,通过这些生物的综合效应从而达到净化与修复水体的目的。

**2. 植物修复**

植物修复就是利用植物的生长特性治理底泥、土壤和水体等介质污染的技术。植物修复技术包括植物萃取、植物稳定、根际修复、植物转化、根际过滤、植物挥发技术。植物提取是依靠植物的吸收、富集作用将污染物从污染介质中去除；植物稳定是依靠植物对污染物的吸附作用把污染物固定下来，减少污染物对环境的影响；根际修复是依靠植物的根际效应对污染物进行降解；植物转化是依靠植物把污染物吸收到体内，通过微生物或酶的作用使污染物降解；根际过滤是依靠根际固定和吸附污染物；植物挥发是依靠植物将污染物中可以气化的某些污染物（例如汞、氮等）挥发到大气中去。在利用植物修复过程中，要针对不同的污染物筛选不同的植物种类，使其对特定的污染物有较高的吸收能力，且耐受性较强。

水体植物修复技术具有很多优点：①具有美学价值，合理的设计能让人在视觉上得到美的享受；②增加水中的氧气含量，或抑制有害藻类的生长繁殖，遏制底泥营养盐向水中的再释放；③植物根际为微生物提供了良好的栖息场所，联合处理效果更佳；④植物回收后可以再利用；⑤投资和维护成本低，操作简单，不造成二次污染，且具有保护表土、减少侵蚀和水土流失等作用。总之，高等植物能有效地用于富营养化湖水、河道生活污水等方面的净化，是一项既行之有效又保护生态环境的环保技术。

水环境修复可供选择的植物包括水生植物、湿地植物和边坡植物等。

(1) 水生植物。水生植物主要有水葱、香蒲、美人蕉、茭白、鸢尾、乌菱、鸭舌草、水竹、芦苇、菖蒲等。要做好水生材料的造景设计，应根据水生植物的生物特征和景观的需要进行选择，荷花、睡莲、玉蝉花等浮水植物的根茎都生在河水的泥土中，要参考水体的水面大小比例、种植床的深浅等进行设计。为了保证水面植物景观疏密相间的效果，不影响水体岸边其他景观倒影的观赏，不宜把水生植物作满岸的种植，特别是挺水植物如芦苇、水竹、水菖蒲等以多丝小片种植较好。

(2) 湿地植物。湿地植物是指湿生树种或耐湿耐淹能力强的树种，如水松、池杉、落羽杉、垂柳、旱柳、柽柳、枫杨、构树、水杉等。在兼具盐碱特性的湿地，需选择应用既有一定耐湿特性又有一定耐盐碱能力的植物材料，这类树种主要有柽柳、紫穗槐、白蜡、夹竹桃、杜梨、旱柳、垂柳、桑、枸杞、臭椿等。在通过合理整地而排水良好处，也可应用耐湿能力稍弱而具有耐盐碱特性的树种，如刺槐、白榆、皂荚、栾树、泡桐、黄杨、合欢、黑松等。在合理选择上层木本绿化植物种类的基础上，选择适生实用的下层草本植物如百喜草、狗芽根、奥古斯丁草、地毯草、类地毯草、假俭草、野牛草、结缕草等，以构成复层群落。

(3) 边坡植物。边坡植物是指河道常水位以下生长的植物，大多应选用耐水性好、扎根能力强的植物，如池杉、垂柳、枫杨、青檀、赤杨、水杨梅、雪柳、水马桑、醉鱼草、陆英、多花木蓝、薯豆等,种植形式以自然为主,植物间的配置突出季相。地被也应选用耐水湿且固土能力强的品种,如大米草、香蒲、结缕草、南苜蓿、金栗兰、石蒜等。常水位以上岸坡,应尽量采用乔灌草结合的方式。

**3. 动物修复**

根据生物操纵理论,通过对水生生物群(包括藻类、周丛动物、底栖动物和鱼类)及其栖息地的一系列调节,以增强其中的某些相互作用,促使浮游植物生物量下降。周丛动物、底栖动物在水域中摄食细菌和藻类,有效地控制水中生物的数量,达到稳定水系的作用。鱼类修复技术主要采用混养技术,控制上、中和底层鱼的比例,鱼的残饵、粪便培肥水质,起到"肥水"的效果,而肥水鱼通过滤食浮游生物、细小有机物,起到所谓"压水"的作用,稳定水体的生态平衡。

## (四)生态修复

**1. 水环境生态修复的特点**

生态修复是在生态学原理指导下,以生物修复为基础,结合各种物理修复、化学修复以及工程技术措施,通过优化组合,使之达到最佳效果和最低耗费的一种综合修复污染环境的方法。

水环境生态修复是利用可持续的特点以增加生态系统的价值和生物多样性的活动,即修改受损河流物理、生物或生态状态的过程,以使修复工程后的河流较目前状态更加健康和稳定。生物多样性越强,则生态系统的稳定性越好,正是基于这一原理,从整个水体生态系统着眼,使水体中有益的水生植物、微生物、鱼类等都得到充分发展,使水体生物多样性达到最大化,从而使得水体生态系统长期稳定,提高水体的自净能力,最终获得人与自然的和谐。

水环境生态修复的特点包括以下七点:
(1)综合治理,标本兼治,节能环保。
(2)设施简单,建设周期短,见效快。
(3)因地制宜,擅长解决现有水体的水质问题。
(4)综合投资成本低,运行维护费用低,管理技术要求低。
(5)生物群落本土化,无生态风险。
(6)生物多样性强,生态系统稳定。

(7) 对污染负荷波动的适应能力强。

**2. 水环境生态修复技术**

水环境生态修复技术主要包括人工浮岛技术、人工湿地技术、前置库技术、近自然修复技术等。

(1) 人工浮岛技术。人工浮岛技术是人工把水生植物或改良驯化的陆生植物移栽到水面浮岛上，植物在浮岛上生长，通过根系吸收水体中的氮磷等营养物质、降解有机污染物和富集重金属，从而达到净化水质的目的。人工浮岛的最大优点是构建和维护方便，改善景观，恢复生态，而且还有利于营养盐和浮游植物的去除作用。

人工浮岛技术净化机理可分为以下五个方面：

①浮岛植物吸收和吸附水体中氮磷物质。浮岛植物通过根系吸附并吸收水体中氮磷等营养盐供给自身生长，从而改善水质。

②植物根系增大水体接触氧化的表面积，并能分泌大量的酶，加速污染物质的分解。

③浮岛植物的抑藻效用：一些植物能针对性地抑制相应藻类的生长，如芦苇对形成水华的铜绿微囊藻、小球藻都有抑制效应。

④浮岛植物与微生物形成共生体系：浮岛植物输送氧气至根区，形成好氧、兼性的小生境，为多种微生物的生存提供适宜的环境。同时，微生物可以把一些植物不能直接吸收的有机物降解成植物能吸收的营养盐类。

⑤浮岛的日光遮蔽作用：浮岛在水域占据一定的水面，在富营养化的水体中能减弱藻类的光合作用，延缓水华的暴发。

生态浮岛主要由浮岛矿体、浮岛床体、浮岛基质和浮岛植物四部分组成。人工浮岛的框架一般由木材、竹材、塑料管、泡沫、废旧轮胎高分子纤维等材料加工而成。在选择污染水体修复的浮岛植物时，通常除了选择生物量大、适应性强、耐污性好、污染物去除率高的一种或几种水生植物组合外，还应综合考虑区域特点、耐寒能力、季节等因素。可供选择的植物包括能够分泌抑藻物质的水浮莲、满江红、浮萍、紫萍、狐尾藻、金鱼藻、马蹄莲、轮藻、石菖蒲、芦苇等，以及其他植物，包括美人蕉、水蕹菜、牛筋草、香蒲、芦苇、荻、水稻、水芹、黄花水龙、向香根草等。

人工浮岛技术在不断完善中，改进生态浮岛结构是提高浮岛净化效果的方式之一。目前，生态浮岛结构改造主要是以浮岛系统与接触氧化系统、曝气系统、水生动物、微生物、填料、生物净化槽等中的一个或多个组合而成，充分利用浮岛立体空间，延长浮岛系统食物链以及强化浮岛的微生物富集特性,从而提高净化效果。生态浮岛结构的改变可以使污染物的去除由植物为主转变为植物填料微生物共同作用,但是各部分如何有机组合才能更有效地提高净化效果有待今后继续深入研究。

(2)人工湿地技术。人工湿地主要利用土壤、人工介质、植物、微生物的物理、化学、生物三重协同作用,对污水、污泥进行处理,最后湿地系统更换填料或收割栽种植物将污染物最终除去。其作用机理包括吸附、滞留、过滤、氧化还原、沉淀、微生物分解、转化、植物遮蔽、残留物积累、蒸腾水分和养分吸收及各类动物的作用。其中,湿地系统中的微生物是降解水体中污染物的主力军。

与污水处理厂相比,人工湿地的优点如下:

①人工湿地具有投资少、运行成本低等明显优势。在农村地区,由于人口密度相对较小,人工湿地同传统污水处理厂相比,一般投资可节省1/3~1/2。在处理过程中,人工湿地基本上采用重力自流的方式,处理过程中基本无能耗,运行费用低。因此,在人口密度较低的农村地区,建设人工湿地比传统污水处理厂更加经济。

②污水处理厂使用的化学方法和生物方法,在处理过程中会产生大量富含有害化学成分的淤泥、废渣影响环境,容易形成二次污染。而人工湿地使用纯生物技术进行水质净化,则不存在二次污染。

③人工湿地以水生植物水生花卉为主要处理植物,在处理污水的同时还具有良好的景观效果,有利于改造农村环境。另外,在人工湿地上可选种一些具备净化效果和一定经济价值较高的水生植物,在污水处理的同时产生经济效益。

④人工湿地的运行管理简单、便捷,因为人工湿地完全采取生物方法自行运转,因此基本不需专人负责,只需定期清理格栅池、隔油池、每年收割一次水生植物即可。

人工湿地分为表面流人工湿地、水平潜流人工湿地和垂直潜流人工湿地。

表面流人工湿地是水面位于湿地基质层以上,水深一般0.3~0.5m,水流呈推流式前进。污水从入口以一定速度缓慢流过湿地表面,部分污水或蒸发或渗入地下,出水由溢流堰流出。近水面部分为好氧层,较深部分及底部通常为厌氧层。表面流人工湿地优点是投资少、运行费用低、维护简单,缺点是水力负荷低、占地面积大、易受季节影响等。

潜流湿地系统是目前较多采用的人工湿地类型。根据污水在湿地中流动的方向不同可将潜流型湿地系统分为水平潜流人工湿地和垂直潜流人工湿地两种类型。不同类型的湿地对污染物的去除效果不同，具有各自的优缺点。水平潜流人工湿地因污水从一端水平流过填料床而得名。湿地主要由植物、填料床和布水系统三部分组成。填料床结构剖面图及布水系统自下而上依次为防渗层、卵石层、砾砂层、黏土层等。卵石层和砾砂层对进入此层的污水起到过滤作用，还可以通过滤料上的生物膜对污水中的污染物质进行降解，上层土壤存在大量的植物根系、微生物和土壤矿物对污水中污染物质起到吸收、降解、置换等物理化学及生物作用，达到净化污水的目的。

与表面流人工湿地相比，水平潜流人工湿地的水力负荷和污染负荷大，对 BOD、COD、重金属等污染指标的去除效果好，且很少有恶臭和孳生蚊蝇现象，是目前国际上较多研究和应用的一种湿地处理系统。它的缺点是控制相对复杂，脱氮、除磷的效果不如垂直流人工湿地。垂直潜流湿地系统使用的基质以碎石、沙砾石和沸石为主。其特点是使污水从湿地表面纵向流向填料床的底部，床体处于不饱和状态，氧可通过大气扩散和植物传输进入人工湿地系统。该系统的硝化能力高于水平潜流湿地，可用于处理氨氮含量较高的污水。其缺点是对有机物的去除能力不如水平潜流人工湿地系统。

随着人工湿地技术的发展，近年来出现了许多复合和改进工艺，如波形潜流人工湿地以及潜流人工湿地的复合利用，使人工湿地的处理效果得到了提高。

(3)前置库技术。前置库技术就是在大型河流、湖泊水库内入水口处设置规模相对较小的水域，将河道来水先蓄存在小水域内，在小水域中实施一系列水净化措施，同时沉淀来水挟带的泥沙后，再排入河湖、水库。前置库技术是控制河湖外源来水、控制面源污染的有效途径。

前置库通常利用天然或人工库塘拦截暴雨径流或外来污水，工艺流程为：径流污水—沉砂池—配水系统—植物塘—入河湖。

在前置库中，水体所含的营养物质首先通过浮游植物从溶解态转化成颗粒态，接着浮游植物和其他颗粒物质在前置库与主体湖泊（水库）连接处沉降下来。整个沉降过程包括自然过程和絮凝沉降。这种沉降过程由于天然沉淀剂和絮凝剂的存在而增强，尤其是排水区域的地球化学条件更能影响营养盐的去除。

水生植物也是前置库中不可缺少的，其从水体和底质中去除氮磷能力的大小依次为沉水植物、浮叶植物和挺水植物。通过静态试验研究微污染状态下各种水生植物单一和组合时的净化能力,结合水生植物的生长状况、区域环境特点等,筛选出繁殖竞争能力较强,净水效果佳,观赏性和经济性好,易于栽培、管理、收获、控制的水生植物系统,为前置库植物群落的配置提供依据。值得注意的是,水生植物的选择要因地制宜,优先选择地区土著种,要配置不同高度、不同形态的植物,并注重种类的多样性;要定期收割、移除该前置库系统。此外,依据本地区的水质状况、现状分析,筛选出前置库区投放的鱼类,不对底泥造成扰动,不影响水体景观和生物安全。

目前,该技术在国内太湖、滇池、山东云蒙湖等都有所应用。在实际应用中,在前置库的技术上有所改进,即在景观水体项目中专门做水体分层。整个水系有几个湖或塘,一层层跌水下来,形成阶梯湖,湖与湖之间多是用墙体拦截,景观效果极好。通过拦截坝围出的原水处理区域也能够实现分层跌水效果,同时工艺运行中也使整个水体流动,为景观添彩。除此之外,该技术也在不断创新之中。张毅敏等人在传统前置库技术基础上,研发生态透水坝与砾石床、生态库塘、固定化菌强化净化等关键技术。

(4)近自然修复技术。近自然修复技术是以生态学理论为指导,选择适合于河道、河岸、河漫滩乃至流域的生物、生态修复方法,达到接近自然、经济美观的、应用于河流湖泊治理的新技术。近自然型河岸可分为三种模式。

①全自然型护岸。采用"土壤生物工程法",利用木桩与植物梢、棍相结合,植物切枝或植株将其与枯枝及其他材料相结合,乔灌草相结合,草坪草和野生草种相结合等技术来防止侵蚀,控制沉积,同时为生物提供栖息地,可以有效地维护河道的自然特性。但这种护岸抵抗洪水的能力较差,抗冲刷能力不足。这种模式适用于用地充足、岸坡较缓、侵蚀不严重的河流及一些局部冲刷的地方。在修复过程中,最关键的问题是植物物种的选择与配置。主要采用根系发达的固土植物进行护岸,即在水中种植柳树、水杨、白杨以及芦苇、野茭白、菖蒲等具有喜水特性的植物;而在坡面上撒播或铺上草坪,也可以种植一些植物如沙棘林、刺槐林、龙须草、常青藤等。

②工程生态型护岸。对冲刷较为严重、防洪要求较高的河段,如果单纯采用自然方法是难以满足防洪安全要求的,必须采用一些工程措施,才能有效地保护河岸的结构稳定性和安全性,同时还必须采用生态措施,维护好河岸的生态环境。工程生态型护岸不仅种植植被还采用天然石材、木材护底,如在坡脚设置各种种植包、采用石笼或木桩等护岸,斜坡种植植被,实行乔灌结合。在此基础上,再采用钢筋混凝土等材料,确保大的抗洪能力。这种修复模式以防止岸坡冲刷为主,在材料选用上常常采用浆砌或干砌块石、现

浇混凝土和预制混凝土块体等硬质且安全系数相对较高的材质。在结构形式上常用重力式浆砌块石挡墙、工型钢筋混凝土挡墙等结构。

第一，大型护坡软件，排水下部分采用软体排或松散抛石，而水上部分则是在柔性的垫层(土工织物或天然织席)上种植草本植物，并且垫层上的压重抛石不应妨碍草本植物生长。

第二，干砌块石或打木桩，水下部分采用干砌块石或打木桩的方法，并在块石或木桩间留有一定的空隙，以利于水生植物的生长。水上部分可参考自然原型护岸的做法，铺上草坪或者栽上灌木。

第三，纤维织物袋装土护岸，由岩石坡脚基础、砾石反滤层排水和编织袋装土的坡面组成。如由可降解生物(椰皮)纤维编织物(椰皮织物)盛土，形成一系列不同土层或台阶岸坡，然后栽上植被。

第四，面坡箱状石笼护岸法，将钢筋混凝土柱或耐水圆木制成梯形箱状框架，并向其中投入大的石块，形成很深的鱼巢。再在箱状框架内埋入柳枝。

此外，还可以利用丁坝等使原来较直的河岸人工形成河湾，并设计不同的深潭、浅滩及沙心洲，使河湾大小各异，形状、深度、底质也可富于变化。在此基础上，既可采用全自然型措施，又可采用其他工程型措施。

③景观生态型护岸。随着经济社会的不断发展，人民生活水平的普遍提高，人们对河流的治理、河岸的建设提出了更高的要求，要求河流除了保证防洪、抗旱的安全保障外，能够给社会生活提供越来越多的服务。河道两岸已成为人们休闲娱乐和旅游的理想场所。为满足人们对景观、休闲和环境的需求，需构筑具有亲水功能的景观河岸，营造人与自然和谐的氛围。在确保防洪和人类活动安全的同时，河岸带的修复需与景观、道路、绿化以及休闲娱乐设施相结合，即景观生态型护岸。

景观生态型护岸主要是从满足景观功能的角度对河道加以治理，将河道的生态要求和景观要求综合考虑，充分考虑河道所处的地理环境、风土人情，沿河设置一系列的亲水平台、休憩场所、休闲健身设施、旅游景观、主题广场、艺术小品、特色植物园和各种水上活动区，力图在河道纵向上营造出连续、动感的景观特质和景观序列；在河道横断面景观配置上多采用复式断面的结构形式，保持足够的景深效果。这种生态修复方法将各种独立的人文景观元素有规律地组合在一起，构成了当地人们的生活方式。它将美学作为一个和谐和令人愉快的整体，充分体现了"以人为本""人与自然和谐相处"的理念。很多城市在建设过程中重点打造景观河岸，将河岸带建设成为城市的窗口、旅游胜地和休闲中心。

## 第二节　城市微污染水处理新技术

随着城市人口数量的不断增多,导致污水的大量产生,并危害生态环境。"为了改善城市形象,相关企业和部门应积极创新污水处理技术,通过高效率、低成本的污水处理方式,不断减少污水对环境的污染。"[①]

### 一、预处理技术

预处理通常是指在常规水处理工艺前面采用适当物理、化学和生物的处理方法,对水中的污染物进行初级去除,以使后续的常规处理工艺能更好地发挥作用。预处理在减轻常规处理和深度处理的负担、发挥水处理工艺整体作用的同时,又提高了对水中污染物的去除效果,改善饮用水质和提高饮用水的卫生安全。

目前的预处理技术主要有水库贮存法、吸附预处理技术、生物预处理技术、化学氧化预处理技术等。

#### (一)水库贮存法

水库存储可使水中部分悬浮物沉淀而降低水源水浊度,一些有机物也可通过生物降解等综合作用而被去除。目前此法逐渐被广泛使用,但水库存储适合于大水量处理,且需连续运行,基建费用巨大,而且在实际使用中还存在藻类大量滋生等问题。

#### (二)吸附预处理技术

吸附预处理技术主要有粉末活性炭吸附和黏土吸附等。国外利用粉末活性炭去除水源水中色、臭、味等物质,已取得了成功的经验和较好的祛除效果。粉末活性炭投加量应根据水质特点实验确定,国内目前在工程应用方面的实例较少,且只能做一次性使用,目前还没有很好的回收再生利用法,作为一种预处理方式其运行费用相对较高,只能作为一种解决水质突然

---

① 朱健.城市生活污水处理技术及发展趋势探索[J].皮革制作与环保科技,2022,3(02):180-181+184.

恶化的应急措施。后者的投加量足够大时,对水源水中的有机物常表现出较好的祛除效果,但是大量黏土投加到混凝池后,会增加沉淀池的排泥量,给生产运行带来一定困难。

### (三)生物预处理技术

水源水生物处理技术的本质是水体天然净化的人工化,通过微生物的降解,去除水源水中包括腐殖酸在内的可生物降解的有机物及可能在加氯后致突变物质的前驱物,再通过改进的传统工艺的处理,使水源水质大幅度提高。常用方法有生物滤池、生物转盘、生物流化床、生物接触氧化池和生物活性炭滤池。这些处理技术可有效去除有机碳及消毒副产物的前体物,对铁、锰、酚、浊度、色、臭、味均有较好的祛除效果,费用较低,可完全代替预氯化。此外,集生态性、景观性于一体的水体生物-生态修复技术之一的人工湿地技术也是处理微污染水的有效手段之一。

### (四)化学氧化预处理技术

化学氧化预处理技术是指凭借氧化剂自身的氧化能力,对水中污染物的结构进行破坏分解,从而达到转化、去除污染物的预期目的。它主要包括预氯化、高锰酸钾预氧化、臭氧预氧化等处理技术。将化学氧化预处理这一短语分解开来,化学氧化毋庸置疑是属于一种化学反应,而预处理是指在常规工艺之前,运用与之相符合的物理、生物、化学的处理办法来去除水中所存在的污染物。与此同时,这还会促使常规处理技术更好地发挥自身的作用,从而为常规处理以及深度处理减轻负担,使水处理技术的整体性作用更完美地凸显出来,更好地改善饮用水的水质情况。常用的化学氧化剂有氯气、臭氧、高锰酸钾、过氧化氢、二氧化氯、光催化氧化。

目前,饮用水预处理技术正逐渐推广使用臭氧化的方法。臭氧氧化法不会像预氯化那样产生有害卤代化合物,由于臭氧具有很强的氧化能力,它可以通过破坏有机污染物的分子结构以达到改变污染物性质的目的。

## 二、强化常规处理技术

强化处理是针对当前不断提高的水质标准,在现有的工艺基础上经过改进、优化和新增以去除浊度、病毒微生物、有机污染物以及有机污染物引起的色度、嗅味、藻类、藻毒素、致突变物质等为主要目标的,使之达到不断提高的水质标准的水处理工艺均为水的强化处理工艺,其中最重要的工艺环节是强化混凝、强化过滤和强化沉淀技术。

### (一)强化混凝技术

对于某一确定的原水,必定有一最佳混凝剂及最佳混凝工艺。强化混凝技术主要是通过改善混凝剂性能和优化混凝工艺条件,提高混凝沉淀工艺对有机污染物的去除效果。

强化混凝的方式有:①提高混凝剂投加量使水中胶体脱稳,凝聚沉降;②增加絮凝剂或助凝剂用量,增强吸附和架桥作用,使有机物絮凝下沉;③投加新型高效的混/絮凝药剂;④改善混凝/絮凝条件,如优化水力学条件,调整工艺和pH值等。其中,增投助凝剂和采用新型高效处理药剂是强化混凝技术的主要措施和发展方向。以高锰酸钾作助凝剂、铁盐作混凝剂可以强化对微污染水源水的处理效果。采用新型高锰酸盐复合药剂可以强化混凝效果,同时发挥高锰酸盐的氧化作用,有效提高水源水中的有机污染物的去除效率。

### (二)强化过滤技术

强化过滤技术可针对普通滤池进行生物强化,滤料由生物滤料和石英砂滤料组合而成。强化过滤技术则是在不预加氯的条件下,在滤料表面培养繁育微生物,利用微生物的生长繁殖活动去除水中的有机物。采用新型、改性滤料等可以提高过滤工艺对浊度、有机物等的去除效果。通过对传统工艺中的普通滤池进行生物强化,可以使原水中的氨氮去除率由原来的30%～40%,提高到93%;亚硝酸盐氮的去除率由零提高到95%,消毒后能满足卫生学指标的要求。以生物快滤池作为末级处理,能得到低浊且具有生物稳定性的出水。该工艺无需新增处理构筑物,既可以起到生物作用,又可以起到过滤作用,在经济和技术上是可行的,但对于其前处理的要求、运行管理的方法以及微生物的控制等各方面的特性,还需进一步研究。

### (三)强化沉淀技术

沉淀分离是常规给水处理工艺的重要组成部分,沉淀分离的效果对后续处理工艺和最终出水水质有较大影响。微污染水源水由于有机污染的增加,水中除了含有悬浮物和胶体物质外,还含有大量的可溶性有机物、各种金属离子、盐类、氨氮等有机和无机成分,对常规沉淀去除效果带来了一定的影响,加强沉淀作用能提高对有机物的去除效率。

主要可以通过以下方式加强沉淀处理:

(1)投加高效新型高分子絮凝剂,提高絮凝体的沉降特性。

(2)优化改善沉淀池的水力学条件,提高沉淀效率。

(3)提高絮凝颗粒的有效浓度,提高对原水中有机物进行的连续性网捕、扫裹、吸附、共沉等作用,从而提高其沉淀分离效果。

## 三、微污染水深度处理技术

深度处理通常是指在常规处理工艺后,采用适当的物理、化学处理方法,将常规处理工艺不能有效去除的污染物或消毒副产物的前体物加以去除,从而提高和保证饮用水水质。

### (一)活性炭技术

利用活性炭巨大的比表面积能够吸附水环境中的污染物的特性,将活性炭技术应用于微污染水深度处理、饮用水深度处理、饮用水物化预处理、优质直饮水纯净水生产等。

活性炭的吸附效果除与自身性能有关以外,还与被吸附物(吸附质)的特性密不可分。一般情况下,活性炭对相对分子质量在 500～3000 的有机物具有良好的去除效果,而对相对分子质量小于 500 或大于 3000 的就效果极差。同时,对同样大小的有机物,其溶解度越小、亲水性越差、极性越弱的,活性炭吸附效果则越好,反之就越差。

活性炭吸附对水中臭味、腐殖质、溶解性有机物、微污染物、总有机碳、总有机卤化物和总三卤甲烷有明显去除作用。

### (二)磁性离子交换技术

阴离子型磁性离子交换树脂(MIEX)对水中的天然有机物有一定的去除作用,能够减少水中消毒副产物前体,MIEX 还能够减少混凝剂用量,改善混凝效果,且再生性能良好,可反复使用。因此 MIEX 在饮用水处理中受到越来越广泛的关注。

### (三)生物活性炭技术

生物活性炭技术即为利用粒状活性炭巨大比表面积及发达孔隙结构对

水中有机物及溶解氧有很强的吸附特性，将其作为生物载体替代传统的生物填料，并充分利用活性炭的吸附以及活性炭层内微生物有机分解的协同作用。该技术利用微生物的氧化作用来增加水中溶解性有机物的去除效率，延长活性炭的再生周期，减少运行费用，同时水中的氨氮可以被生物转化为硝酸盐，从而减少了氯化的投氯量，降低了三卤甲烷的生成量。活性炭附着的硝化菌还可以转化水中的氨氮化合物，降低水中的 $NH_3-N$ 的浓度。生物活性炭通过有效地去除水中有机物和臭味，从而提高饮用水化学、微生物安全性，是自来水深度净化的一个重要途径。目前，世界许多国家已在污染水源净化、工业废水处理及污水再利用的工程中应用该技术。

### （四）臭氧氧化技术

臭氧通过氧化分解细菌内部葡萄糖所需的酶，破坏细胞器、DNA 等，改变细胞膜通透性等，可以达到灭菌消毒的功效。但是，仍有某些稳定性强的有机污染物及已经形成的消毒副产物，难以被氧化去除。因此，在应用中多采用臭氧氧化与其他处理技术相结合，形成组合工艺，如臭氧/活性炭吸附、臭氧/生物活性炭、臭氧/过氧化氢等。

在饮用水处理工艺流程中，一般根据臭氧投加点位置的不同分为前段投加、中段投加和后段投加三种方式。前段投加称为臭氧化预处理或臭氧预氧化处理，中段投加称为中间氧化，后段投加称为臭氧消毒。

在实际水处理时，可以根据具体情况实行一点投加，也可以多点同时投加。投加量及接触时间因处理对象的不同而异。

### （五）臭氧-生物活性炭联用技术

臭氧-生物活性炭深度水处理技术被称为饮用水净化的第二代净水技术。它采用臭氧氧化和生物活性炭滤池联用的方法，将原水先臭氧化后活性炭吸附，集臭氧化学氧化、臭氧灭菌消毒、活性炭物理化学吸附和微生物氧化降解四种技术于一体，其主要目的是在常规处理之后进一步去除水中有机污染物、氯消毒副产物的前体物、异臭、异味、色度，去除部分重金属、氰化物、放射性物质、氨氮等，保证净水工艺出水的化学稳定性和生物稳定性。

### （六）膜过滤技术

从膜滤法的功能上看，反渗透能有效地去除水中的农药、表面活性剂、消毒副产物、THMs、腐殖酸和色度等。纳滤膜用于分子量在 300～1000 范围内的有机物质的去除。而超滤和微滤膜可去除腐殖酸等大分子量(大于1000)的有机物。因此,膜滤技术是解决目前饮用水水质不佳的有效途径。膜法能去除水中胶体、微粒、细菌和腐殖酸等大分子有机物,但对低分子量含氧有机物如丙酮、酚类、酸、丙酸几乎无效。膜法进一步应用到给水处理中的障碍是基建投资和运转费用高,易发生堵塞,需要高水平的预处理和定期的化学清洗,还存在浓缩物处置的问题。然而,随着清洗方式的改进,膜堵塞和膜污染问题的改善以及各种膜价格的降低,相信在不久的将来,膜法一定会在给排水领域得到较广泛的应用。

## 四、微污染水体的处理新技术

### (一)光氧化法

光化学氧化法是在化学氧化和光辐射的共同作用下,使氧化反应在速率和氧化能力上比单独的化学氧化、辐射有明显提高的一种水处理技术。光氧化法均以紫外光为辐射源,同时水中需预先投入一定量氧化剂如过氧化氢,臭氧或一些催化剂,如染料、腐殖质等。它对难降解而具有毒性的小分子有机物去除效果极佳,光氧化反应使水中产生许多活性极高的自由基,这些自由基很容易破坏有机物结构。

(1)光激发氧化法是以臭氧、过氧化氢、氧和空气等作为氧化剂,将氧化剂的氧化作用和光化学辐射相结合,可产生氧化能力很强的自由基。紫外-臭氧联用技术可以氧化臭氧所不能氧化的微污染水中的有机物,如三氯甲烷、六氯苯、四氯化碳、苯,使之变成二氧化碳和水,降低水中的致突变物活性。

(2)光催化氧化法是在水中加入一定数量的半导体催化剂,在紫外线辐射下产生强氧化能力的自由基,能氧化水中的有机物。利用光催化氧化技术对饮用水中常见污染物去除效果的试验过程中发现,该技术对这些有机优先控制污染物有很强的氧化能力,能有效地予以分解和去除。该方法的强氧化性、对作用对象的无选择性与最终可使有机物完全矿化的特点,使光催化氧化在饮用水深度处理方面具有较好的应用前景。但是二氧化钛粉末颗粒细微,不便加以回收,同传统净水工艺相比,光催化氧化处理费用较高,设备复杂,近期内推广使用受到限制。光催化氧化投入实际应用所需要解决的主要问题是确定长期运行过程中催化剂中毒情况及寻求理想的再生方法;解决催化剂的分离回收或固定化问题;反应器的设计及提高光能利用率等。可以预见,随着研究的不断深入,光催化氧化必将越来越得到重视。

(3)光敏化降解主要的研究对象是水环境中的石油污染物直链烷烃。敏化剂能够从直链烷烃的碳原子上夺取氢原子后生成羟基,在氧的作用下使其降解为酮、烯、醛、醇等。这些化合物均比烷烃更加容易被水环境中的微生物所降解。光敏化降解常用的敏化剂是蒽醌。

### (二)高梯度磁滤技术

高梯度磁滤技术是近年发展起来的新兴水处理技术,也是处理微污染水的一个新途径。磁分离的物理作用是利用废水中杂质颗粒的磁性进行分离的,对于水中非磁性或弱磁性的颗粒,利用磁性接种技术可使它们具有磁性,可以在高强度磁场中实现磁性颗粒物与水的分离。磁滤技术对水中污染物质去除的效果高,对浊度、色度、细菌、重金属及磷酸盐等都有很好的去除效果,无论是夏季高浊时期还是低温低浊期间,处理后的水都能达到饮用水水质标准。

高梯度磁滤技术使混凝工艺的分离速度较常用的斜管沉降法提高10~50倍,可极大地提高水处理速度和减少占地面积,易于实现自动化控制及小型集成化设备,在给水、工业废水及生活污水处理等领域均有广泛的发展前景。虽然它在给水排水处理中的应用尚有许多进一步研究的课题,但它的初步应用研究已充分显示出巨大的优越性和广阔的应用前景并且随着科学技术的发展、超导磁分离技术的出现将进一步扩大高梯度磁分离技术在给水排水处理中的应用范围。目前限制高梯度磁过滤技术的主要问题在于磁种的选择、制造及磁种回收工艺需要研究改进。

### (三)超声空化技术

频率在 20kHzW 上的超声波辐射溶液会引起许多化学变化,称为超声空化效应。降解有机物的途径主要为:热解、自由基氧化、超临界水氧化和机械剪切作用。当足够强度的超声波辐射溶液时,在声波负压相内,空化泡形成长大,而在随后的声波正压相中,气泡被压缩,空化泡在经历一次或数次循环后达到一不平衡状态,受压迅速崩溃,产生瞬时高温和高压,即所谓的"热点"。空化泡中的水蒸气在这种极端环境中发生分裂及链式反应,产生氧化活性相当强的氢氧自由基和过氧化氢,并伴有强大的冲击波和射流。研究表明,超声空化对脂肪烃、卤代烃、酚、芳香族类、醇、天然有机物、农药等均有较好的降解,超声频率、声强、饱和气体性质、污染物性质浓度、温度均会影响降解效果。

### (四)基于联用的组合技术

无论是预处理技术还是深度处理技术都有其优点和缺点,为了扬长避短,目前往往采用多种技术的联合技术。例如采用微絮凝—侧向流过滤-超滤工艺、生物接触氧化-臭氧活性炭工艺、活性炭-光催化等应用到微污染水的处理中,为饮水水质安全提供强大的保障。

### (五)电生物反应器

将电极装置与生物反应器组合起来就构成了所谓电生物反应器。通过对水的电解,阴极提供电子,产生氢,而氢作为电子供体与硝酸盐发生反应,使生化反应速率及去除率得以提高,从而减少了水中硝酸盐的含量。从原理上讲,这种方法除了可以实现反硝化处理外,还可以去除水体中的有机物,但目前对电生物反应器尚处于基础理论和动力学研究阶段,离实际应用还有相当一段距离。

### (六)仿生植物净化技术

仿生植物净化技术是以重建健康的河流生态系统为基础,用具有很强弹性、韧性和柔性的材料仿照河流生态系统中的沉水植物轮藻设计而成的。仿生植物以河道中原有的天然生物菌群作为种源,在填料丝表面经过生物的自然富集形成生物膜,通过微生物的生命活动去除水中的污染物质。

仿生植物净化技术在有效净化微污染水体的同时还具有如下特点:不影响河流的航运和泄洪等功能;不破坏河流生态系统;适合河流复杂多变的水流条件;比表面积大,空隙率高;化学与生物稳定性强,不溶出有害物质;价格便宜,便于安装。

## 五、污染地下水修复技术

### (一)抽提技术

抽提处理是采用水泵将地下水抽出来,在地面得到合理的净化处理,并将处理后的水重新注入地下或排入地表水体。这种处理方式对抽取出来的水中污染物能够进行高效去除,但不能保证全部地下水尤其是岩层中的污染物得到有效去除。

### (二)气提技术

利用真空泵和井,在受污染区域利用负压诱导或正压产生气流,将吸附态、溶解态或自由相的污染物转变为气相,抽提到地面,然后再进行收集和处理。典型的气提系统包括抽提井、真空泵、湿度分离装置、气体收集装置、气体净化处理装置和附属设备等。

气提技术的主要优点包括:①能够原位操作,比较简单,对周围干扰小;②有效去除挥发性有机物;③在可接受的成本范围内能够处理较多的受污染地下水;④系统容易安装和转移;⑤容易与其他技术组合使用。在美国,气提技术几乎已经成为修复受加油站污染的地下水和土层的"标准"技术。气提技术适用于渗透性均质较好的地层。

### (三)空气吹脱技术

空气吹脱是在一定的压力条件下,将压缩空气注入受污染区域,将溶解在地下水中的挥发性化合物、吸附在土颗粒表面上的化合物以及阻塞在土壤空隙中的化合物驱赶出来。空气吹脱包括三个过程:①现场空气吹脱;②挥发性有机物的挥发;③有机物的好氧生物降解。相比较而言,吹脱和挥发作用进行较快,而生物降解进程缓慢。在实际应用中,通常将空气吹脱技术与气提技术组合,得到单一技术无法达到的效果。

### (四)生物修复技术

生物修复是利用微生物降解地下水中污染物,并将其最终转化为无机物质的技术,分为原位强化生物修复法和生物反应器法。原位强化生物修复是在污染土壤不被搅动情况下,在原位和易残留部位之间进行处理。这个系统主要是将抽提地下水系统和回注系统结合起来,来强化有机污染物的生物降解。而生物反应器的处理方法是强化生物修复方法的改进,就是将地下水抽提到地上部分用生物反应器加以处理的过程。近年来,生物反应器的种类得到了较大的发展。连泵式生物反应器、连续循环升流床反应器、泥浆生物反应器等在修复污染的地下水方面已初见成效。

### (五)渗透反应墙技术

渗透反应墙(PRB)技术是近年来迅速发展的适用于地下水污染的原位修复技术,又称为活性渗滤墙。它是在污染物区域下游设置具有高渗透性的活性材料墙体,使得污染物被截留并得到处理,地下水得到净化。PRB是一个填充有活性材料的被动反应区,当含有污染物的地下水在天然水力坡度下通过预先设计好的介质时,溶解有机物、金属、核素等污染物能被降解、吸附、沉淀或去除。屏障中含有降解挥发性有机物的还原剂、固定金属的络(螯)合剂、微生物生长繁殖所需的营养物和氧气或其他物质。其中,活性材料选择是 PRB 修复效果良好与否的关键。活性材料通常要求具有以下特性:

(1)对污染物吸附降解能力强,活性保持时间长。

(2)在天然地下水条件下保持稳定。

(3)墙体变形较小。

(4)抗腐蚀性较好。

(5)材料稳定性好,生态安全性良好,不能导致有害副产品进入地下水。

当前,实验室研究的活性材料主要有:用于物理吸附的活性炭、沸石、有机黏土;用于化学吸附的磷酸盐、石灰石、零价铁和生物作用的微生物材料等。

与传统的地下水处理技术相比,PRB 技术是一个无需外加动力的被动系统。特别是,该处理系统的运转在地下进行,不占地面空间,比原来的泵抽取技术要经济、便捷。PRB 一旦安装完毕,除某些情况下需要更换墙体反应材料外,几乎不需要其他运行和维护费用。

### (六)原位化学修复技术

化学还原修复技术是利用化学还原剂将污染环境中的污染物质还原从而去除的方法,多用于地下水的污染治理,是新兴起来的用于原位去除污水中有害组分的方法,主要修复地下水中对还原作用敏感的污染物,如铬酸盐、硝酸盐和一些氯代试剂,通常反应区设在污染土壤的下方或污染源附近的含水土层中。

根据采用的不同还原剂,化学还原修复法可以分为活泼金属还原法和催化还原法。前者以铁、铝、锌等金属单质为还原剂,后者以氢气及甲酸、甲醇等为还原剂,一般都必须有催化剂存在才能使反应进行。

### (七)电动力学修复

电化学动力修复技术是利用电动力学原理对土壤及地下水环境进行修复的一种绿色修复新技术,可以用来清除一些有机污染物和重金属离子,具有环境相容性、多功能适用性、高选择性、适于自动化控制、运行费用低等特点。在电动修复过程中,金属和带电荷的离子在电场的作用下发生定向迁移,然后在设定的处理区进行集中处理;同时在电极表面发生电解反应,阳极电解产生氢气和氢氧根离子,阴极电解产生氢离子和氧气,而对于大多数非极性有机污染物,则通过电渗析的方式去除。近年来,电化学动力修复技术越来越多地和其他技术或辅助材料相结合,如超声技术。

## 第三节　流域水资源保护的重点与关键技术

人类活动对水资源系统的干扰主要体现在量(水资源的消耗)、质(水污染的排放)、域(水域空间的侵占)、流(水流连通性的破坏)四个方面,并进而造成水生生物多样性的衰退。

新时期随着水利工作改革发展,有必要站在流域视角,秉承系统治理理念,并进一步重视水生态系统结构和功能的整体恢复,从人类活动对水资源系统的多维干扰出发,重新定义水资源保护内涵。

相较于传统水资源保护,新时期水资源保护的最大特征是强调流域整体的系统治理,因此可称之为"流域水资源保护"。流域水资源保护就是采取一系列保护和修复措施,使人类活动对流域水资源系统的干扰维持在水资源系统可承载范围之内,实现水资源的可持续利用。

### 一、流域水资源保护重点工作

#### (一)水量层面的重点工作

水量层面的水资源保护主要体现在加强水源涵养、河湖生态流量保障、地下水采补平衡等方面。水源涵养措施主要包括治理水土流失、保护自然植被、开展林草种植、减少源区人为活动等集中在江河源头区和主要产水区。开展水源涵养的目的不是增加总径流量,而是增加源区林草植被和土壤层的水资源调蓄能力,使源区起到"天然水库"的作用,从而增加枯水期基流量,降低汛期洪峰流量和流域水资源开发利用难度。

河湖生态流量是指为了维系河流、湖泊等水生态系统的结构和功能,需要保留在河湖内符合水质要求的流量(水量、水位)及其过程。

我国生态流量主要考虑生态基流、敏感生态需水、汛期造床洪水3种组分。其中汛期造床洪水也可以看作是一种特殊形式的敏感生态需水,对于黄河等多沙河流尤为重要,其他流域可暂不作为重点。加强河湖生态流量保障的主要措施包括:全面开展河湖生态流量目标制定与分级考核;完善水利工程生态流量泄放设施,建立生态调度机制;实行流域与区域相结合的用水总量控制,加强江河水量分配和分季节用水总量控制;开展重点河湖湿地的生态补水,建立长效机制;开展生态流量的实时监测预警与调控保障。

在地下水方面,重点是开展超采区的综合治理,逐步实现地下水采补平衡和水位恢复;同时加强对地下水水量—水位的双控管理,维持地下水在合理水位,在干旱区支撑地带性植被生长,在滨海区域控制海水入侵,在灌区维护人工绿洲,同时避免土壤次生盐碱化。

### (二)水质层面的重点工作

水质保护是传统水资源保护的核心内容,重点是将入河污染总量控制在水体纳污能力范围之内,实现既定水质目标,对人体健康和生态系统不造成威胁。在传统水质保护工作之外,流域水资源保护强调以下方面的转变:

(1)从纳污总量控制向"清水入河"转变。河湖水体本身具有一定的纳污能力,但若严格按照纳污能力来进行入河污染控制,由于面源污染等不可控因素的影响,往往水质并不能达到预期目标。从流域水资源保护角度,应尽可能实现污染物的源头减排和过程阻断,最大程度避免污染物的入河。主要措施包括工业园区"零排放"技术推广、废污水再生利用、种植业化肥农药减施和节水减排、畜禽养殖废弃物综合利用、入河前的湿地和缓冲带净化等。通过流域内各区域各子流域的"守土有责"和污染物"就地消纳和处理",实现"清水入河"。

(2)从化学指标为主向水温、水质指示物种等理化生指标并重转变。以往对河湖水质的保护集中在COD、氨氮等化学指标上,水温、DO等与水生生物栖息繁衍密切相关的指标未作为考核评价的重点。水温在鱼类繁殖过程中具有重要的信号指示、产卵刺激和积温发育功能,水利工程导致的下泄水温滞后、冷却用水造成的温排水热污染均会导致鱼类正常繁殖过程被打乱,影响鱼类繁殖和越冬成功率,需要采取措施减缓其影响。DO浓度与水生生物的生存密切相关,其受污染程度、水体流动性等多方面因素的影响是水体质量和生态友好性的重要表征指标,需要加强监测评价和控制。而利用水质敏感性指示物种对水体质量进行快速检测,也成为近年来水质监测评价的发展方向。

(3)从水质提升向宜居水环境打造转变。水质保护的终极目的是不影响水体综合功能的发挥,传统水质保护重视各项评价指标的达标,而在新时期生态文明和"幸福河湖"建设背景下,增强城乡居民对河湖水体的满意度和亲近率,通过良好水环境为公众提供更多优质生态产品成为水资源保护新的内涵。城市城区水体达到标准的基础上,开展"清水工程"建设,着力提升城区和主要景观水体的透明度,以"群众满意度"作为水环境核心评价指标,是城市宜居水环境建设的典范。对于农村地区,宜结合乡村振兴等工作,大力推进农村水系综合整治和水美乡村建设。

### (三)水域层面的重点工作

水域层面保护重点是维持水域空间的数量、结构和功能的稳定。在数量方面,要科学划定水域空间保护边界,制定分区水域空间总面积目标指标。以水域空间保护边界为依据,对未经批准围垦湖泊河道、非法侵占水域滩地、乱扔乱堆垃圾、弃置堆放物体等违规行为进行稽查、整治和清退,恢复被侵占水域,并综合利用卫星遥感、地面监测巡查等手段,建立动态监管体系,确保水域空间面积不减少。

在结构和功能方面,要加强对流域/区域水域空间组成进行调查评价和控制管理,包括天然—人工比例、永久性—季节性比例、河—湖—库—沼—滩结构、大—中—小斑块比例、纳入保护地体系空间占比等,以维持水域生境的多样性,同时对水域空间的最大斑块指数、景观连接度等指标进行评价和管控,确保水域行洪蓄洪、水源供给、净化水体、生物栖息、物质能量通道、文化娱乐等综合功能的发挥。此外,要通过设立禁采区、禁航区和禁航时段、限制通航强度等手段,降低采砂、航运等水域单一功能对其他功能,特别是水生生物生境功能的影响。

### (四)水流层面的重点工作

水流连通性的保护主要体现在两个方面:一是加强已有阻隔的功能连通和恢复,二是对未来规划建设和运行的管控。在已有阻隔的功能连通方面,重点是加强河湖水系连通和水利工程过鱼设施的建设。要着力恢复河湖天然水力联系,通过水系连通、灌江纳苗、生态调度等形式,恢复河湖健康有序的生物流、物质流、信息流。对未开展过鱼设施建设的大中型工程,要因地制宜,选择适宜的形式进行改造和补建。对已建的大中型水利工程过鱼设施,要配套建设诱导设施或拦截设施,创造诱鱼适宜水流条件,满足鱼类行为习性和生理机能的基本需求,同时减轻水轮机或水泵等机械对鱼类卷吸的影响,提升过鱼效力量。对量大面广的小型闸坝,要推广开展仿自然通道过鱼设施的建设,对有重大生态影响或经济效益低下的小型水电站,在科学论证的情况下予以拆除。

在新增阻隔管控方面,一方面要突破河流尺度纵向连通性评价存在的不足,开展流域层面水系连通性的整体评价,并基于鱼类资源分布和栖息洄游路线的调查,编制流域水系连通性保护整体规划,确定重点保护河段和支流;另一方面要因地制宜,规划建设过鱼设施,对大江大河干流上确需建设的水利工程,要做好生态影响评价,科学论证支流替代生境,并对相应支流进行保护修复,确保替代成效。

**(五)水生生物层面的重点工作**

量、质、域、流四个方面构成了水生生物的生境,而决定水生生物多样性或受威胁程度的因素,还有过度捕捞、物种进化等,这些因素在目前体制下已超过了水资源保护的内涵和范围。因此,从流域水资源保护的角度,水生生物层面重点是加强重点保护物种的生态习性调查,包括鱼类产卵场、育肥场和越冬场分布,不同生命阶段适宜水文水质条件等,建立并完善相应的数据库,不断扩大数据覆盖范围,以便更有针对性地为水生生物提供适宜生境,协调水资源开发利用与生态环境保护的矛盾。

此外,要以生物完整性评价为主导,大力加强水生态监测,并优先在我国大江大河及主要支流、重点湖泊建立水生态监测网络。通过系统的水生态监测评价,评估各项水资源保护措施的生态响应,及时调整保护策略和控制指标,促进水生态系统健康稳定。

## 二、流域水资源保护关键技术

针对流域水资源保护的内涵和重点工作,在现有技术体系基础上,未来还须重点发展多项关键技术。

（1）生态流量保障成效评估与适应性调整技术。目前关于生态流量目标的科学制定与调控保障已有大量的研究成果和技术方法，而对于既定流量目标调控保障后的生态响应和成效，还缺乏系统的监测评估，需要大力推进，并根据评价结果对原有生态基流、敏感生态需水目标的适应性进行评价，形成生态流量目标的滚动修正技术方法，促进生态流量目标和管理体系的不断完善。

（2）流域山水林田湖草系统治理技术。流域生命共同体是一个人与自然的复合系统，因此系统治理具有双重目标要求：一是维护流域生态系统健康，包括陆域和水域两大空间的生态系统，保障生态安全，维护生态功能；二是支撑区域经济社会高质量发展，通过生态产品价值实现与生态产业的健康发展，不断满足人民日益增长的优美生态环境和优质生态产品的需求。以往针对生命共同体单要素的治理研究多，如何充分发挥水在生命共同体中的纽带作用，实现多要素系统治理和"自然—社会"双重目标尚需要深入研究。

（3）水域空间结构与功能优化调控技术。随着遥感、AI 技术的发展，关于水域空间数量层面的动态监控技术已趋于成熟，而水域空间管控阈值及其结构与功能的联合优化技术还有很大发展空间。水域空间管控的重要阈值包括不同区域和类型河流滩地/主槽宽度比、不同区域城市建成区水域空间比例、无堤防河段蓝线划定范围、农垦开发区湿地/农田控制比例等。水域空间结构和功能联合优化的重点在根据水域空间的重点功能对其结构组成、景观连接度等性质的适宜性进行评价，提出水域空间保护修复的指导意见和方案，促进水域空间综合功能的发挥。

（4）水系整体连通性评价与恢复技术。目前对河流纵向连通性的评价和调控研究主要以单条河流作为基本的评价单元，以具体工程的过鱼设施建设为重点恢复手段，而对河流连通性最为敏感的洄游鱼类，其栖息范围往往不局限于某一条具体河流，而是在整个流域水系内迁徙，因此，对河流连通性的评价和调控宜以水系为单元进行，一方面，需要研发水系整体连通性评价方法，对拦河建筑物造成的水系连通性降低程度进行科学评价；另一方面，要在高效过鱼设施建设运行技术基础上研发流域干支流联合调控、支流替代生境等水系整体连通性保护恢复技术。

（5）水生态高效传感设备与监测评价技术。针对目前水生态监测评价采样难、周期长、效率低的问题，可以研发以仿真鱼、水下机器人和人工智能为核心技术的水下综合感知技术与设备，研发水生态"一杆通"高效采样监测设备，研究水质生物检测、eDNA等新型监测评价技术，并不断完善相应的物种和基因数据库，建立基于卫星遥感、雷达、移动设备的流域水资源、水环境、水生态"三水"智能感知技术体系，综合现有河湖健康评价标准，提出适应我国不同区域水生态特征的高效评价技术。

以"量—质—域—流—生"系统保护修复为核心的流域水资源保护工作秉承流域整体视角、系统治理思想和生态改善目标，是传统水资源保护工作的升级，可为水利事业改革发展注入新的活力，并将大力支撑生态文明、美丽中国建设等国家重大战略。但是相关研究和实践工作依然任重道远，需要不同领域不同专业人员共同努力推进。

# 结束语

随着人们对水资源水环境问题的日益重视,合理开发与利用水资源,科学治理污水,加强水资源管理与保护已经成为当前人类维持环境、经济和社会可持续发展的重要手段和保证措施。

环境监测技术在现代化的水资源保护工作中发挥着不可替代的作用,因此必须要高度重视监测技术的应用,并且发挥现代化科学技术的优势,完成相关技术的优化,保障环境监测技术的应用效率,真正对水资源保护发挥作用,以促进我国整体水资源得到更好的保护。

# 参考文献

[1]陈中华,王慎阳,李勇欣.分析水质监测对环境保护的意义[J].资源节约与环保,2021(09):80-81.

[2]单海英,郭淑艳.浅析水样的采集和保存[J].资源节约与环保,2015(11):72.

[3]杜棉霜.生态环境建设与水资源的保护利用[J].节能,2019,38(06):86-87.

[4]韩军桥.水资源开发利用及保护策略探讨[J].科技创新与应用,2020(02):117-118.

[5]郝春英.土壤样品的采集与制备[J].现代农业科技,2017(24):176.

[6]胡华平,秦蒙荷,沈劲.水资源和水质管理在水生态修复中的作用[J].广东化工,2017,44(08):141-142.

[7]黄功跃.环境监测与环境管理[M].昆明:云南科技出版社,2017.

[8]黄锦辉,连煜,宋世霞.中国水资源保护科研发展历程回顾[J].水利规划与设计,2020(10):58-61+84.

[9]卡合曼·马合木提江.乌鲁木齐污水治理和水资源的保护规划研究[J].能源与节能,2022(02):186-187.

[10]李从建.环境污染源中废气监测的流程及质量控制[J].轻工科技,2021,37(12):94.

[11]李福利.基于可持续发展的水资源保护措施[J].农业与技术,2020,40(20):126-127.

[12]李理,梁红.环境监测[M].武汉:武汉理工大学出版社,2018.

[13]林丽佳,申元英.生物修复与污水回用概述[J].生物技术世界,2012,10(08):29.

[14]刘辉,卓海华,刘云兵.我国水资源保护监测规划编制的内容和方法[J].水资源保护,2015,31(01):106-109.

[15]刘小毅.水资源开发利用状况及保护策略分析[J].能源与节能,2019(07):85-86.

[16]刘颖.基于可持续发展的水资源保护措施[J].黑龙江粮食,2021

(11):47—48.

[17]刘治华.水资源保护及其可持续利用分析[J].中国资源综合利用,2021,39(12):89—91.

[18]陆泗进,王业耀,夏新,等.土壤环境监测基础点位布设思路与方法[J].中国环境监测,2018,34(03):93.

[19]吕睿.浅谈我国水资源保护[J].黑河学刊,2017(01):1—3.

[20]马进福.浅析水土保持与水生态修复建设[J].农业科技与信息,2018(21):26—27.

[21]牟广丰.江河水资源保护与生态修复[J].中国环境监察,2019(01):27—28.

[22]穆宏强.长江流域水资源保护科学研究之管见[J].长江科学院院报,2018,35(04):1—5+17.

[23]曲磊.环境监测[M].北京:中央民族大学出版社,2018.

[24]沈耀良.城市污水处理技术:过去现在将来[J].苏州科技大学学报(工程技术版),2018,31(04):1—13.

[25]施志源.环境标准的现实困境及其制度完善[J].中国特色社会主义研究,2016(01):95.

[26]宋立全.水资源保护与水生态环境修复研究[J].长江技术经济,2022,6(S1):23—25.

[27]宋新新,林甲,刘杰,等.面向未来污水处理技术应用研究现状及工程实践[J].环境科学学报,2021,41(01):39—53.

[28]汤荣生.我国水资源保护的历史及技术应用现状[J].科技资讯,2022,20(02):107—109+122.

[29]王波,刘春梅,赵雪莲,等.我国村镇生活污水处理技术发展方向展望[J].环境工程学报,2020,14(09):2318—2325.

[30]王海芳.环境监测[M].北京:国防工业出版社,2014.

[31]王恒,韩庆祥.水资源合理保护的可持续发展策略研究[J].工程建设与设计,2020(04):157—158.

[32]王孟,刘扬扬,李斐.长江经济带水资源保护带建设规划体系研究[J].人民长江,2018,49(20):1—7.

[33]王鹏.城市污水治理和水资源保护规划浅析[J].内蒙古水利,2019(06):50—51.

[34]王晓,陈金泉,高勇.环境监测实用教程[M].徐州:中国矿业大学

出版社,2016.

[35]王晓红,张建永,史晓新.新时期水资源保护规划框架体系研究[J].水利规划与设计,2021(06):1-3+61.

[36]王阳,石玉敏.分散式污水处理技术研究进展[J].环境工程技术学报,2015,5(02):168-174.

[37]吴香云.分析现代水资源保护规划技术体系[J].中国建材科技,2022,5(27):1-2.

[38]武云甫,黄殊云.我国启动水资源保护规划编制工作[J].给水排水,2012,48(11):172.

[39]谢林花,吴德礼,张亚雷.中国农村生活污水处理技术现状分析及评价[J].生态与农村环境学报,2018,34(10):865-870.

[40]宣宏博.工业化背景下城市水资源的景观生态修复[J].大众文艺,2015(11):70.

[41]杨丽.分析现代水资源保护规划技术体系[J].低碳世界,2018(09):69-70.

[42]姚琳琳,方小萍.浅谈我国环境监测技术[J].中国高新技术企业,2010(09):83.

[43]张海波.浅谈水资源保护文化机制的建立[J].科技创新导报,2012(23):243.

[44]张慧卿.水资源保护监测存在的问题及建设探讨[J].华北自然资源,2021(06):56-57+60.

[45]张蕾.浅谈城市规划中污水治理和水资源的保护规划[J].中国设备工程,2021(13):241-242.

[46]张梦宇.地表水质监测现状及改进分析[J].资源节约与环保,2015(05):100.

[47]赵苑晨.提高大气环境监测质量的对策[J].化工设计通讯,2021,47(09):190.

[48]朱党生,张建永,史晓新,等.现代水资源保护规划技术体系[J].水资源保护,2011,27(05):28-31+38.

[49]朱党生,张建永.推进我国水资源保护工作的思考及重点[J].中国水利,2019(17):17-20.

[50]朱健.城市生活污水处理技术及发展趋势探索[J].皮革制作与环保科技,2022,3(02):180-181+184.